Mein Pferd ist krank –

was tun?

Anke Rüsbüldt

Mein Pferd ist krank – was tun?

Das neue Handbuch Pferdekrankheiten

CADMOS

Haftungsausschluss

Die Autorin und der Verlag weisen daraufhin, dass keine beschriebenen Techniken eine Alternative zur notwendigen tierärztlichen Untersuchung und Behandlung darstellt. Bei Zweifeln hinsichtlich des Gesundheitszustandes Ihres Pferdes verständigen Sie bitte zuerst einen Tierarzt.

Autorin und Verlag empfehlen, die allgemein im Umgang mit Pferden erforderlichen Sicherheitsmaßnahmen einzuhalten. Autorin und Verlag lehnen jegliche Schadensersatzforderungen ab, die auf Unfällen, Verletzungen oder sonstigen Schäden gründen, die im Zusammenhang mit einer in diesem Buch beschriebenen Behandlung entstanden sind.

Die Informationen in diesem Buch wurden mit aller Sorgfalt und nach bestem Wissen und Gewissen zusammengestellt. Dennoch kann für Ungenauigkeiten oder eventuelle Fehler keine Haftung übernommen werden.

Gestaltung und Satz: Ravenstein + Partner, Verden
Titelfoto: JBTierfoto
Fotos: JBTierfoto, Hoppe, Tierfotoagentur.de, Dr. Ende, Prohn, Reinhardt, Würtz
Lektorat: Dorothee Dahl
Druck: Westermann Druck GmbH, Zwickau

Printed in Germany

ISBN 978-3-86127-454-4

Inhalt

Gesundes Pferd- glücklicher Mensch!
(Foto: Tierfotoagentur.de)

Vorwort

Lieber Leser, lieber Pferdefreund,

Ich freue mich über die Gelegenheit, dieses Buch für Sie zu schreiben. Im Sinne eines Ratgebers und Lexikons soll es Sie in die Lage versetzen, zu verstehen, wie eine Erkrankung bei Ihrem Pferd zustande kommt, damit Sie sinnvoll vorbeugen können; wie die spezifischen Symptome bestimmter Erkrankungen aussehen und erkannt werden können und was es im einzelnen Erkrankungsfall für Reaktionsmöglichkeiten gibt.

Idealerweise schult die Lektüre Ihre Aufmerksamkeit und Beobachtungsgabe. Sie schärft Ihr Urteilsvermögen und macht Sie zum kundigen Gesprächspartner für den hinzugezogenen Tierarzt oder Therapeuten. Der Schwerpunkt liegt auf den tatsächlich regelmäßig vorkommenden und so von mir subjektiv als wichtig eingestuften Erkrankungen. In den Hinweisen zu Reaktionen finden Sie schulmedizinische Hinweise ebenso wie den Verweis auf weitere therapeutische Möglichkeiten. Richtig zu Hause bin ich selbst in der Schulmedizin und in manuellen Verfahren, bei allem anderen verlasse ich mich – wie Sie – auf Menschen, die sich damit auskennen. In allen Bereichen ist es immer besser, einmal einen Profi zu fragen als selbst herumzuprobieren. Dieser Ratgeber erhebt in keiner Hinsicht den Anspruch auf Vollständigkeit; es gibt sicher noch viele andere Einschränkungen für die Pferde und diverse zusätzliche Ansätze, mit Problemen umzugehen. Recherchieren Sie sorgfältig und finden Sie individuell für sich und Ihr Pferd den jeweils richtigen Weg. Nutzen Sie immer auch Ihr Bauchgefühl und seien Sie sich Ihrer Verantwortung für das Wohl des anvertrauten Pferdes bewusst.

Erkennen der eigenen Möglichkeiten und Grenzen ist aktiver Tierschutz!

Fremdwörter und Fachbezeichnungen, deren nicht allgemein bekannte Bedeutung mir oder meiner Lektorin beim Erstellen aufgefallen sind, finden Sie im Glossar am Ende des Buches erklärt.

Da ich selbst Fachtierärztin, Pferdehalterin und Reiterin bin, ist mir weibliche Kompetenz geläufig, der guten Lesbarkeit halber finden sich im Text dennoch überwiegend männliche Bezeichnungen.

Anmerkungen und Ergänzungen zu diesem Buch erhalte ich gern über den Verlag oder direkt per E-Mail an aruesbueldt@aol.com.

Anke Rüsbüldt

im August 2008

In den Erkrankungskapiteln wird mit folgenden Abkürzungen gearbeitet:

Id: beschreibt die Identität der betreffenden Erkrankung, worum es sich überhaupt handelt.

Sy: bedeutet Symptome und beschreibt, wie die Erkrankung sich äußert und wie man sie erkennt.

Rk: bedeutet Reaktion. Diese Benennung wird bewusst anstelle von Therapie verwandt, da hier jeweils die uns möglichen Reaktionen auf die Erkrankung beschrieben werden; dazu gehört die spezielle Therapie ebenso wie wichtige Nebensächlichkeiten, unterstützende Maßnahmen und alternative Ideen.

A: ist die Abkürzung für Aussichten und beschreibt die Prognose und deren mögliche Beeinflussbarkeit.

P: ist die Abkürzung für Prophylaxe und beschreibt, was man zur Vorbeugung und Vermeidung tun kann.

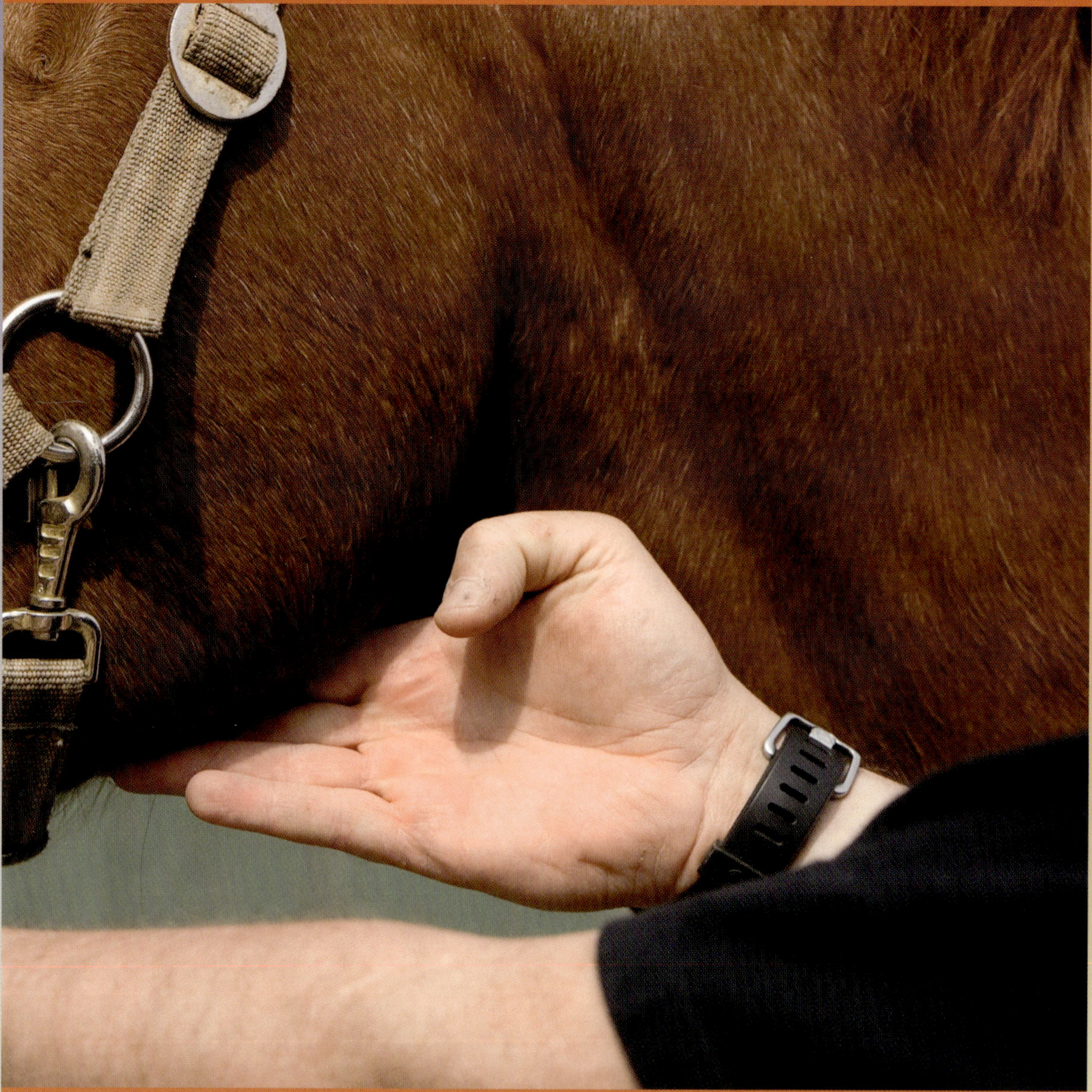

Auch eine Veränderung der Pulsfrequenz kann ein Krankheitsanzeichen sein. Man misst den Puls durch Anlegen der Finger an den Unterkiefer.
(Foto: JBTierfoto)

Krankheitsanzeichen erkennen und richtig handeln

Nach Unfällen oder bei sichtbaren Verletzungen ist es eindeutig: Das Pferd ist krank und benötigt Hilfe. Heftige Koliken mit deutlichen Verhaltensänderungen beispielsweise sind meist auch eindeutig als Krankheitszustand einzustufen. Das alles sind offensichtliche Notfälle, bei denen ohnehin dringend ein Tierarzt benötigt wird. Die meisten Krankheitsfälle bei Pferden sind allerdings weniger eindeutig.

Was unterscheidet ein gesundes von einem kranken Pferd?

Das gesunde Pferd steht aufrecht und nimmt aufmerksam an seiner Umgebung Anteil. Sein Fell ist glatt und geschlossen. Augen und Nüstern zeigen kein auffälliges Sekret. Seine Atemfrequenz liegt bei 12 bis 16 Zügen pro Minute. Der Puls schlägt gleichmäßig und kräftig mit 34 bis 38 Schlägen pro Minute, und die Körpertemperatur liegt zwischen 37,5 und 38,0 Grad Celsius. Ein gesundes Pferd kann man in Schritt und Trab vorwärts, im Schritt auch rückwärts und seitwärts bewegen. Es belastet alle vier Beine annähernd gleichmäßig.

Höhere Messwerte bei den Puls-, Atem- und Temperaturwerten entstehen bei gesunden Pferden nach der Arbeit und nach dem Fressen, bei einem gesunden Pferd normalisieren sich diese Werte von allein. Das Nichtannehmen von Futter kann krankhaft sein bei Fieber oder Kolik, kann aber auch daran liegen, dass es anders schmeckt oder ein Freund oder der eigene Mensch vermisst wird. Aufmerksamkeit ist immer geboten. Natürlich gibt es auch im Futteraufnahmeverhalten Unterschiede; während die sensible Trakehnerin vielleicht nie spontan die Krippe leer frisst, grast das eine oder andere Pony im Liegen weiter, wenn es vor Schmerzen aufgrund einer vorliegenden Hufrehe nicht mehr stehen kann. Wichtig ist, dass Abweichungen vom individuell Normalen frühzeitig auffallen. Liegt die morgendliche Individualtemperatur

Um feststellen zu können, ob Pferde gesund sind, muss man lernen, sie sehr genau zu beobachten. (Foto: Tierfotoagentur.de)

rektal bei 37,2 Grad Celsius, dann ist 38,0 Grad Celsius, schon auffällig.

Das glatte und geschlossene Haarkleid ist bei naturnah gehaltenen Pferden acht Monate im Jahr nicht wirklich beurteilbar. Auch die Aufmerksamkeit variiert nach Rasse und Temperament.

Die Unterscheidung zwischen krank und gesund gelingt uns daher am besten bei Pferden, die uns persönlich bekannt sind. Die tatsächlich gemessenen Werte helfen uns, den Eindruck zu objektivieren.

Für die Beurteilung, ob ein Pferd krank oder gesund ist, verlassen Sie sich ruhig auf Ihr Bauchgefühl. Der Eindruck, mit dem Pferd stimme etwas nicht, genügt, die Aufmerksamkeit zu lenken und genauer hinzuschauen. Ein Pferd, das vormittags nie liegt, fällt dann bereits als ungewöhnlich auf, wenn es anscheinend ganz friedlich schläft. Ein anderes Pferd, das ungern ohne einen bestimmten Freund auf der Koppel ist, darf sich ruhig am Zaun auffällig benehmen und etwas warm und feucht sein, ohne deshalb gleich als Patient betrachtet zu werden.

Ideal ist es, wenn man das zu beurteilende Pferd kennt, wenn bekannt ist, wie es sich normalerweise verhält, wie die individuelle Rektaltemperatur ist und welche Beulen gestern auch schon da waren. Fällt irgendetwas als ungewöhnlich auf, nehmen Sie sich die Zeit genau hinzusehen; nichts ist ärgerlicher, als wenn man vor ausgeprägten Symptomen steht, obwohl man deren Entstehung einen Tag vorher hätte vermeiden können. Fragen Sie andere, zum Beispiel die Besitzer von Boxennachbarn, Reitlehrer oder wer sonst mit dem Pferd vertraut ist, nach deren Eindruck. Telefonieren Sie lieber einmal zu oft!

Beobachten Sie genau und gern subjektiv. Versuchen Sie Ihre Beobachtungen zu formulieren und zu objektivieren. Treten Sie in Kommunikation mit Ihrem Pferd. Wenn ein Pferd erst abends Koliksymptome zeigt, aber mittags beim Reiten schon so ungewöhnlich faul war und erstaunlicherweise gar nicht geäppelt hat, dann hat man vier Stunden Bauchweh übersehen. Ein hartnäckiger Husten folgt gern kurzfristigem und nicht bemerktem Fieber, ein Sehnenschaden oft einer kleinen Beule oder vermehrter Wärme am Vortag.

Denken Sie immer vorwärts und rückwärts. Was war davor? Und was kann daraus werden?

Wenn Sie den Eindruck haben, dass etwas mit einem Pferd nicht stimmt, rufen Sie lieber einmal zu oft den Tierarzt als einmal zu wenig. (Foto: Tierfotoagentur.de)

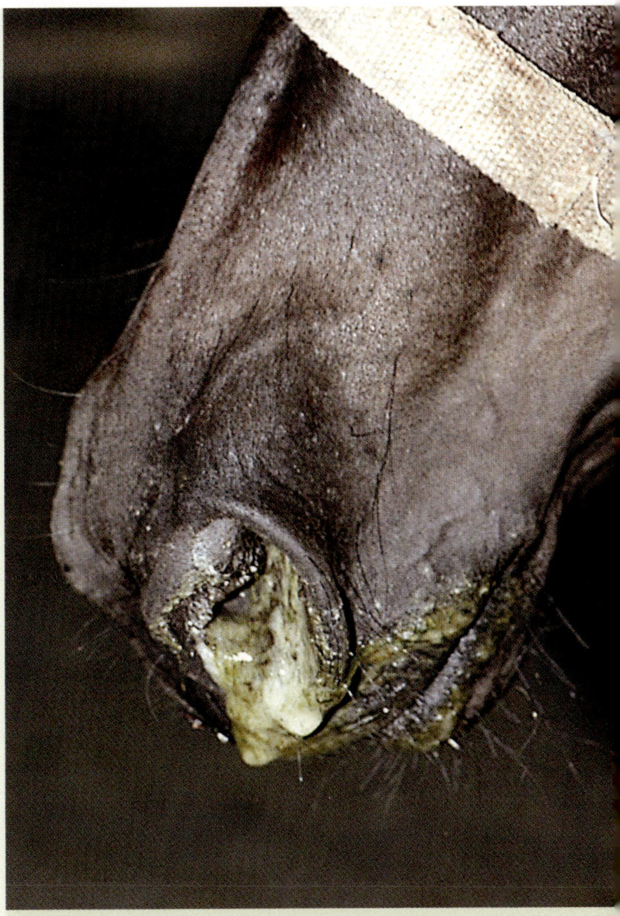

Wichtig ist es, Symptome richtig zu deuten: Dieser starke Nasenausfluss ist aufgrund einer Schlundverstopfung entstanden und nicht etwa ein Erkältungszeichen. (Foto: Dr. Ende)

Was kann man selbst feststellen und wie geht das?

Wenn das Pferd offensichtlich krank ist oder Sie nur ein wenig beunruhigt sind, können Sie einige Gesundheitsparameter selbst erheben.

Zuerst sehen Sie das Pferd von außen an und nehmen bewusst wahr, um wen es sich handelt. Tierärzte nennen es das Signalement. Sie beobachten, wie das Pferd sich verhält und was sichtbar auffällig ist.

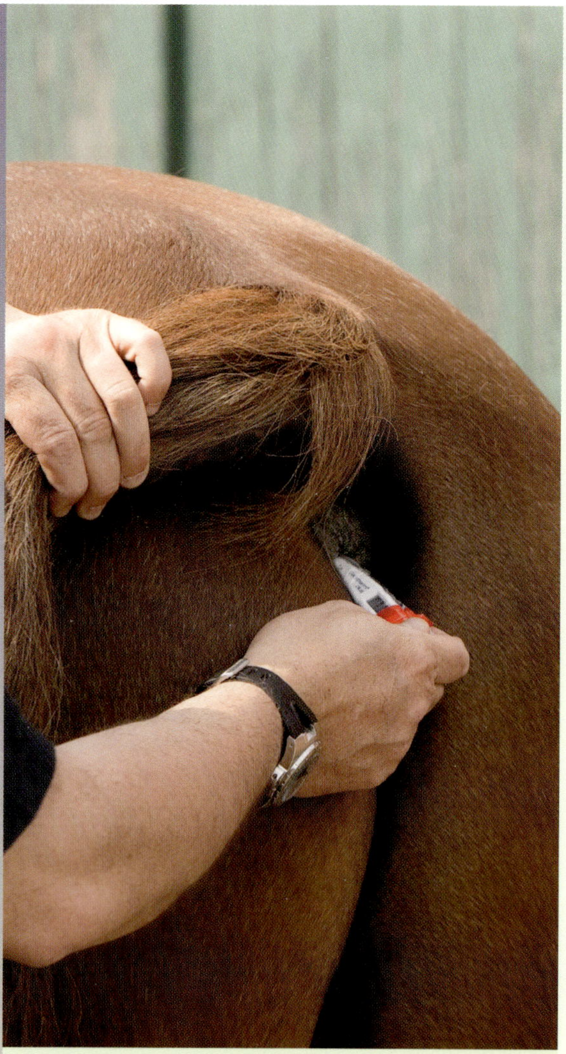

Fiebermessen sollte sich jedes Pferd gefallen lassen, man sollte es allerdings üben. (Foto: JBTierfoto)

Basischeck

Puls messen

Den Puls messen Sie durch Anlegen der Finger (nicht des Daumens) an ein Blutgefäß. Üblich und leicht zugänglich ist eine Arterie, die an der kleinen Mulde im Unterkieferast entlangführt. Ich finde den Puls leichter im äußeren Augenwinkel ertastbar. Legen Sie die Finger nur leicht auf, Sie wollen etwas ertasten, nicht erdrücken. Zählen Sie die Pulswellen 15 Sekunden lang und multiplizieren Sie das Ergebnis mit 4. Der normale Ruhepuls eines gesunden Pferdes ist regelmäßig und liegt bei etwa 32 Pulswellen pro Minute.

Atmung messen

Die Atmung können Sie besser sehen als fühlen. Beobachten Sie die Flankenbewegung. Stellen Sie dabei auch fest, ob es angestrengt aussieht (das tut es bei Schmerzen und Atemwegsproblemen, wenn der Bauch stärker mitatmet als normal). Zählen Sie wieder 15 Sekunden lang und multiplizieren Sie mit 4. Beim gesunden Pferd finden Sie im Ruhezustand eine Frequenz von 12 bis 16 Atemzügen pro Minute.

Temperatur messen

Die Temperatur ermitteln Sie rektal mit einem Thermometer, indem Sie zwei Minuten messen.

Wenn Sie diesen kurzen Basischeck gemacht haben, können Sie für sich bereits eine richtige Aussage treffen, die beispielsweise so aussehen könnte:

Die alte fuchsfarbene Araberstute entlastet ein Vorderbein und hat eine erhöhte Pulsfrequenz. Das ist objektiv gemessen und eine konkrete Beschreibung.

Sie können aber noch viel mehr ohne irgendwelche Hilfsmittel selbst feststellen:

Zusätzliche Kreislaufparameter

Den Austrocknungsgrad eines Pferdes können Sie abschätzen, indem Sie eine Hautfalte am Hals ziehen, loslassen und beobachten. Normalerweise ist die Haut

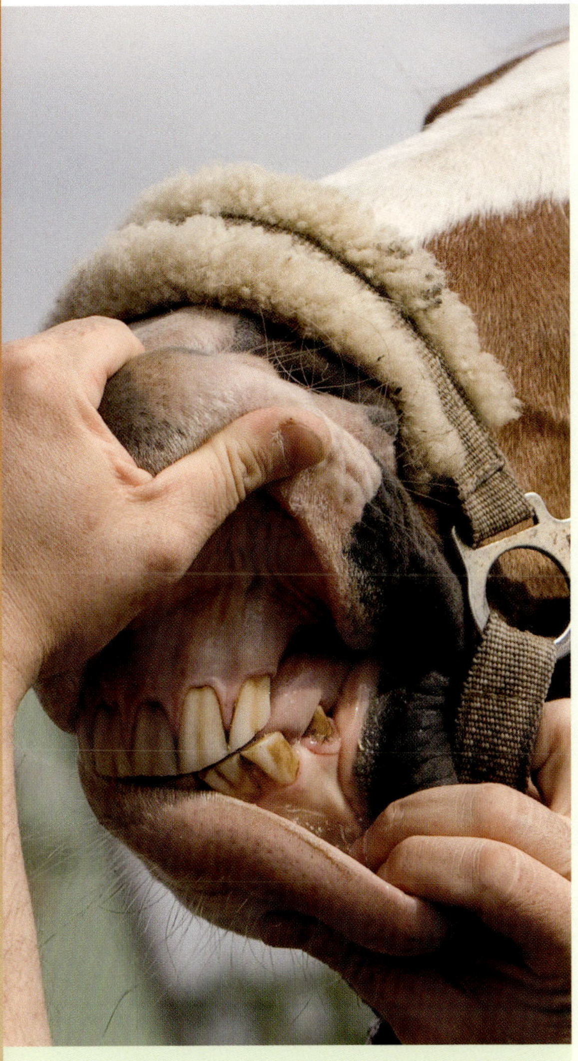

Das Hochklappen der Oberlippe ermöglicht die Kontrolle von Farbe und Feuchtigkeit der Schleimhaut. (Foto: JBTierfoto)

leicht aufzuziehen und die Falte verschwindet nach dem Loslassen schnell und vollständig. Alles andere deutet auf Austrocknung und mangelnde Elastizität hin.

Das Beobachten der kapillaren Füllungszeit gibt einen zusätzlichen Hinweis über die Kreislauffunktionen. Klappen Sie die Oberlippe ein wenig hoch und drücken Sie einen Finger auf ein nicht pigmentiertes (rosafarbenes) Stück Zahnfleisch. Nehmen Sie den Finger weg. Es entsteht ein weißer Fleck, der beim gesunden Pferd innerhalb allerkürzester Zeit (bis zu 2 Sekunden) wieder so rosa ist wie seine Umgebung.

Jetzt haben Sie nebenbei ein weiteres Symptom wahrgenommen: die Farbe und Feuchtigkeit der Schleimhäute. Idealerweise sind sie hellrosa und feucht. Bei Schecken können sie zum Teil auch dunkel pigmentiert sein. Verfärbungen ins Gelbe, Graue oder Violette sind bereits Krankheitssymptome. Auch eine trockene oder sich pappig anfühlende Schleimhaut ist nicht normal. Verletzungen, punktförmige Blutungen und Bläschen auch nicht.

Übermäßigen Speichelfluss hätten Sie übrigens jetzt auch schon nebenher bemerkt.

Zusätzliche Atmungsparameter

Betrachten Sie die Nüstern und stellen Sie fest, ob Nasenausfluss vorhanden ist. Bemerken Sie dabei nebenher Farbe, Menge und Lokalisation. Ausfluss aus nur einer Nüster will uns etwas anderes sagen als Ausfluss aus beiden. Gelbliche Färbung deutet Eiter an, Blut kann hellrot oder verklebt und dunkel sein. Wenig Ausfluss erkennt man an Verklebungen an den Rändern der Nüstern. Halten Sie Ihre Handflächen mit etwas Abstand vor die Nüstern und fühlen Sie, ob die Ausatmungsluft gleichmäßig aus beiden Nüstern strömt.

In der Zeit, die Sie Ihr Pferd jetzt schon beobachten, haben Sie bemerkt, ob es hustet und welche Qualität der Husten hat. Ist er feucht oder trocken, oberflächlich oder tief, vereinzelt oder anfallsartig, schmerzhaft? Durch kurzen Druck auf die oberen Spangen der Luftröhre unterhalb des Kehlkopfes ist möglicherweise Husten auslösbar.

Streichen Sie einmal zwischen den Unterkieferästen unter dem Pferdekopf entlang. Geschwollene oder schmerzhafte Lymphknoten würden Sie bemerken.

Zusätzliche Parameter bei Koliken

Den Kreislauf haben Sie bereits untersucht, und auch Nahrungsreste in den Nüstern und starkes Husten (bei einer Schlundverstopfung, siehe dort) wären Ihnen bereits aufgefallen. Veränderungen im Verhalten wie Scharren, Wälzen, Umsehen nach dem Bauch, Unruhe, Schwitzen (auffallend stark am Hals bei Magenüberladungen, siehe dort) und fehlender Appetit bemerkt man auch schon bei der allgemeinen Betrachtung. Daraus entsteht der Verdacht des Vorliegens einer Kolik, zu dessen Bestätigung Sie noch einiges tun können. Betrachten Sie die Symmetrie des Pferdes und seine Haltung. Stellen Sie folgende Fragen:

Die Frage, wann das Pferd zum letzten mal Kot abgesetzt hat, ist vor allem bei Verdacht auf Kolik eine wichtige Information. (Foto: Tierfotoagentur.de)

> Ist es rechts dicker als links, heute deutlich dicker als gestern?
> Ist der Bauch hochgezogen und setzt es beide Hinterbeine gleich weit unter den Körper?
> Wann hat es zuletzt gefressen?
> Wann wurde zuletzt Kot und Harn abgesetzt?
> Bei Stuten: Wann war die letzte Rosse? Ist sie tragend?
> Bei Hengsten: Sind beide Hoden dort, wo sie hingehören?

Wenn das Pferd es sich gefallen lässt, legen Sie Ihr Ohr an den Bauch und horchen Sie hinein. Tun Sie das mal in Ruhe bei Ihrem geputzten gesunden Pferd, damit Sie ein Gefühl bekommen, was für Geräusche normale Darmfunktion in welchen Bereichen macht. Achten Sie unbedingt auf das rhythmisch etwa zweimal in drei Minuten in der rechten „Hungergrube“ hörbare Einspritzgeräusch des Blinddarmes.

Zusätzliche Parameter an den Beinen

> Können alle vier Beine belastet werden?
> Sieht man irgendwelche Verletzungen oder Umfangsveränderungen?
> Sind Fremdkörper im Huf?
> Kann man irgendwo vermehrte Wärme fühlen?

Dieser Stand des Pferdes sollte als Alarmzeichen gewertet werden: Es entlastet seine Vorderfüße, die ihm, aufgrund einer Hufrehe weh tun. (Foto: Dr. Ende)

- Kann man Gelenke passiv bewegen?
- Kann man im Stand oder in der Bewegung eine Schonhaltung oder eine deutliche Lahmheit erkennen?
- Ist die Aufstützphase oder das Vorführen eines Beines verändert? Werden die Beine gleich hoch genommen (zum Glück gibt es ja auf der Gegenseite ein Vergleichsbein)?
- Ist die Lahmheit im Bogen schlimmer?
- Geht das Pferd besser auf weichem oder auf hartem Boden?

Sammeln Sie erst einmal nur Fakten und subjektive Eindrücke, einige davon werden Sie im Kapitel über die Symptome wiederfinden.

Sie können jetzt bereits einige Beobachtungen gesammelt haben, die Ihnen in den folgenden Kapiteln zur Orientierung und Zuordnung dienen.

Wann und wie dringend benötigen Sie den Tierarzt?

Wenn auch nur eines der folgenden Symptome vorhanden ist, benötigt das Pferd dringend einen Tierarzt:

- Starke Blutungen
- Krämpfe
- Futterreste und Speichel in den Nüstern
- Plötzlicher starker Husten
- Deutliche Kolikanzeichen
- Atemnot
- Kreislaufprobleme
- Starke Lahmheit
- Nicht ansprechbar
- Festliegen
- Brandfolgen
- Verletzungen mit Gelenkbeteiligung
- Klaffende Verletzungen

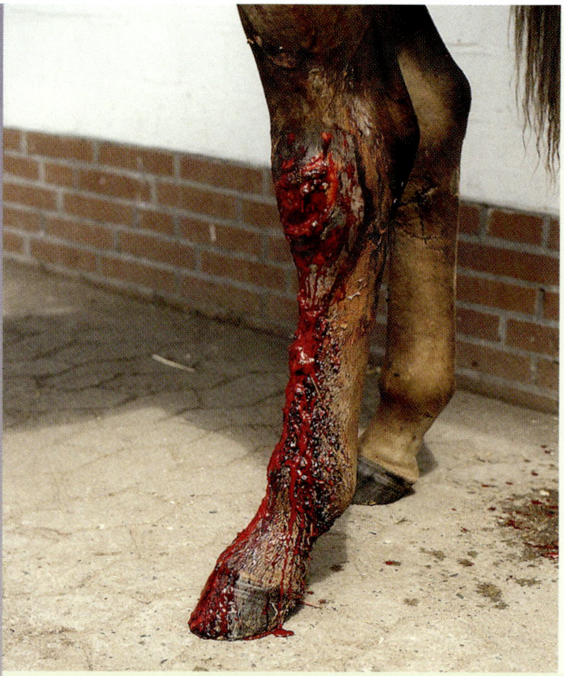

> Verletzungen eines Auges
> Verletzungen der Hornkapsel des Hufs

Grundsätzlich sollte auch bei folgenden Auffälligkeiten ein Tierarzt gerufen werden:

> Fieber
> Untertemperatur
> Starker Durchfall
> Bewegungsunlust
> Verletzungen
> Tränende, veränderte oder geschwollene Augen

Und immer dann, wenn Sie die Situation nicht einschätzen können. Auch wenn ein Verdacht auf Vergiftung besteht, zählt jede Minute.

Eine solche Verletzung bedarf immer tierärztlicher Behandlung. (Foto: Dr. Ende)

Auch bei solchen Rangeleien auf der Weide können Verletzungen entstehen, die unter Umständen nicht sofort auffallen. (Foto: Tierfotoagentur.de)

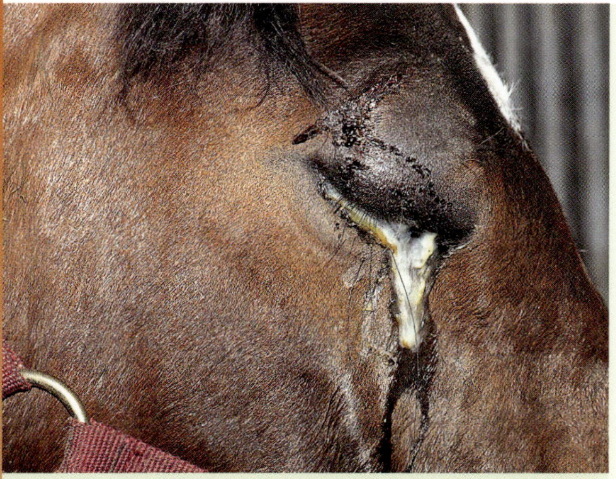

Hier zeigt sich das dramatische Bild einer hochgradigen Bindehautentzündung, die ebenfalls dringend tierärztlicher Behandlung bedarf. (Foto: Dr. Ende)

Rufen Sie den Tierarzt immer lieber einmal zu viel als einmal zu wenig!

Das gilt auch dann, wenn es nicht Ihr Pferd ist, es Sie eigentlich nichts angeht und Sie den Besitzer nicht erreichen können. Rechtlich sind Sie dann zwar erst einmal Auftraggeber, das ist aber, wenn überhaupt, nur ein finanzielles Problem. Grundsätzlich werden die meisten Pferdehalter dankbar sein, dass sich jemand kümmert. Dazu gibt es rechtlich die Geschäftsführung ohne Auftrag, wenn angenommen werden kann, dass die Hinzuziehung eines Tierarztes im Sinne des Pferdebesitzers erfolgt. Sie sollten zu Ihrer eigenen Absicherung natürlich dem Tierarzt sagen, dass der Anruf Ihre Idee war und der Besitzer nicht erreichbar und nicht informiert ist.

Solche Grenzsituationen sollten in der Haltergemeinschaft grundsätzlich angesprochen werden. Ebenso ist es sinnvoll einmal festzulegen, ob ein Pferd im Zweifel in eine Klinik gebracht werden soll und ob vonseiten des Besitzers im Fall der Fälle eine Kolikoperation durchgeführt werden sollte. Das kann man mit einer kurzen allgemeinen Erklärung des Besitzers bei den Daten ablegen. In einigen Ställen autorisiert der Einstellvertrag den Stallbesitzer, derartige Entscheidungen für den Pferdehalter zu treffen. Stallbetreiber und alle anderen, die das Pferd im Auftrag des Besitzers versorgen, sind ebenso zum Erste-Hilfe-Leisten verpflichtet wie Personen, die gewerblich mit Pferden umgehen. (Das gilt allerdings nicht, wenn das mit einem hohen Risiko verbunden ist; bei Gefahr für das eigene Leben muss niemand einem Tier helfen, auch der Tierarzt hat ein Recht auf körperliche Unversehrtheit.)

Zur Hilfe verpflichtet sind Sie rechtlich nicht, aber dafür kann das Pferd ja nichts …

Wenn man jemand anders bittet für sein Pferd zu sorgen, muss die Ausstattung optimal sein. Dazu gehört ein gut sitzendes Halfter mit Strick. Wenn am Pferd ein Strick mit Panikhaken benutzt wird, kann durch so eine Schlaufe das versehentliche Aufgehen vermieden werden. (Foto: JBTierfoto)

Auch wenn jede Minute zählt: Handeln Sie in Notfällen besonnen und vermeiden Sie Panik. (Foto: Tierfotoagentur.de)

Verhalten bei Notfällen

Egal um was für einen Notfall es sich handelt und wie dramatisch, Furcht einflößend oder dringend die Situation erscheint, gibt es drei ganz wesentliche Aspekte:

> Ruhe bewahren, um helfen zu können und den Überblick zu behalten.
> Helfen ist immer besser als nichts zu tun.
> Die eigene Sicherheit geht vor.

„Ja, aber …“ Kein Aber! Ruhe bewahren erreicht man durch bewusstes Atmen (das strahlt nebenbei bemerkt auch Ruhe aus, manchmal kann man wie beim Reiten ein aufgeregtes Pferd richtig „herunteratmen“). Eigene Sicherheit ist notwendige Voraussetzung, um überhaupt irgendwie agieren zu können. Bringen Sie sich selbst in Gefahr, müssen sich andere auch noch zuerst um Sie kümmern, das ist nicht effektiv.

Natürlich kann es dem Pferd helfen, einen vertrauten Menschen in der Nähe zu wissen. Hingehen und Ansprechen ist also in jedem Fall richtig, zu nahe kommen und anfassen kann aber gefährlich sein.

Auch wenn Sie sich auskennen und das Pferd gut kennen, bedenken Sie, dass Sie beide in einer Stresssituation anders reagieren als im Alltag. Pferde unter Angst, Schmerz und Stress können bewusst abwehrend sein oder auch versehentlich Menschen verletzen.

Schaffen Sie sich einen kurzen Überblick, was passiert ist, und erfassen Sie, was schlimmstenfalls als Nächstes passiert.

Sind Menschen verletzt? Kümmern Sie sich immer dann zuerst, wenn es niemand besser kann. Der erste Anruf gilt dem Notarzt.

Schätzen Sie sich selbst und andere Helfer richtig ein und übernehmen Sie die Führung der Aktion immer dann, wenn niemand da ist, der das besser kann.

Geben Sie klare und deutliche Anweisungen.

Sprechen Sie mit dem Pferd! Reden Sie irgendwas, so wie Sie es sonst auch tun – unaufgeregt, ruhig und deutlich.

Wenn das Pferd in einer Situation ist, aus der Sie es nicht selbst befreien können (eingeklemmt, festliegend, eingebrochen, verkeilt im Hänger oder mit dem Tor, an dem es angebunden war, im nächsten Graben), rufen Sie die Feuerwehr.

Bei Unfällen auf öffentlichen Straßen, ausgebrochenen oder vermissten Pferden rufen Sie immer auch die Polizei.

Beauftragen Sie eine Person, die Helfer in Empfang zu nehmen und mit den notwendigen Informationen zu versorgen.

> Wenn abzusehen ist, dass Sie ihn brauchen, rufen Sie den Tierarzt. Am besten den, der das Pferd sonst auch betreut. Schildern Sie kurz die Situation und hören Sie zu, wenn er etwas dazu sagt. Sagen Sie immer genau, welches Pferd in welchem Stall (auf welcher Koppel) gemeint ist, verwenden Sie keine dem angerufenen Tierarzt unbekannten Spitznamen, und erwähnen Sie auch, wenn das Pferd kürzlich umgezogen ist. Fragen Sie, wie lange er benötigt, bis er vor Ort ist. Rufen Sie notfalls noch mehr Tierärzte an und riskieren, doppelt Anfahrt zahlen zu müssen. Hinterlassen Sie dem Tierarzt eine Nummer für Rückmeldungen oder rufen Sie mit Nummernkennung an. Wenn der Unfallort abgelegen oder unbekannt ist, delegieren Sie einen Straßenposten.

Bei Unfällen mit Pferdeanhängern ist ganz besonders umsichtiges Handeln gefragt, da durch Panik weitere Probleme entstehen können. (Foto: Dr. Ende)

> Wenn Sie noch mehr gleichzeitig (delegieren) können, informieren Sie den Pferdebesitzer so sachlich wie möglich. Hinterlassen Sie keine Horrorgeschichten auf Anrufbeantwortern; Sie wissen nicht, wen Ihr Text in was für einem Zustand erreicht. Bitten Sie bei Erreichen eines Bandes nur um dringenden Rückruf mit Angabe eines Namens und einer Nummer, das reicht meistens schon, den Puls des Angerufenen zu beschleunigen.

> Organisieren Sie im Bedarfsfall eine Transportmöglichkeit.

> Stabilisieren Sie das Pferd so gut es geht und halten Sie es ruhig. Bei liegenden Pferden kniet man sich dafür auf den Hals. Benutzen Sie zum Fixieren des Kopfes immer ein stabiles Halfter mit einem Strick ohne Panikhaken.

> Festliegende Pferde können häufig durch überlegte Umgebungs- oder Lageveränderungen befreit werden. Ist an der misslichen Lage des Pferdes ein Zaun beteiligt, stellen Sie unbedingt den Strom aus, bevor Sie das Pferd berühren, auch dann, wenn es selbst den Zaun noch nicht berührt.

> Starken Blutungen begegnet man durch Druck. An den Beinen kann sinnvoll ein Druckverband angelegt werden, dafür muss man allerdings vorbereitet sein (siehe Stallapotheke). Starke Blutungen an Brust, Hals, Achsel oder Kruppe erfordern Druck durch in die Wunde gepresste und festgehaltene Textilien. Meistens hat man ja kein gebügeltes sauberes Bettlaken; T-Shirts und Handtücher tun es auch. Blutstillung geht hier vor Sauberkeit.

> Starkem Nasenbluten begegnen Sie, indem Sie den Kopf tief halten und einen Eimer darunterhalten; eine Aussage darüber, wie viel Blut verloren ist, ist dann präziser.

> Bei erheblichem Blutdruckabfall durch Blutungen legt das Pferd sich hin, die Schleimhäute werden hell.

> Fremdkörper aller Art sollen bis zum Eintreffen des Tierarztes an Ort und Stelle belassen werden. Scherben und Nägel im Huf sind nach dem Ziehen und dem Zuschwellen des Verletzungskanals schlecht beurteilbar im Hinblick auf den angerichteten Schaden.

> Fremdkörper in Brust oder Bauch können beim Ziehen erhebliche nicht beherrschbare Blutungen oder das Herausfallen von Eingeweiden verursachen, die nicht auftreten, solange der Fremdkörper noch wie ein Korken in der Wunde steckt.

> Wenn das Pferd plötzlich hustet, im Hals krampft oder Futterreste und Speichel aus den Nüstern kommen, hat es eine Schlundverstopfung! Sie können nur den Hals gestreckt zu halten versuchen, den Hals seitlich massieren und Wasser anbieten. Das Bereitstellen von zwei Wassereimern und das Anlegen eines festen, nicht zu engen Halfters beschleunigen das tierärztliche Eingreifen.

> Bei Kolikanzeichen beruhigen Sie das Pferd und halten es, wenn das möglich ist, im Schritt in Bewegung, bis der Tierarzt da ist. Bei starken Schmerzen versuchen Sie das Pferd daran zu hindern, sich selbst zu verletzen.

> Gegen starke Schmerzen aus dem Bauch ist alles, was ein Mensch am Pferdekopf tun kann, für das Pferd nur ein kleiner Reiz. Trotzdem soll es sich nach Möglichkeit auf Sie konzentrieren, statt sich wiederholt zu Boden oder gegen Wände zu werfen. Versuchen Sie das immer zu zweit, verwenden Sie ein festes Halfter und halten eine Gerte bereit.

> Durch Massieren der Sedationspunkte an Stirn und Oberlippe oder durch eine Massage der Ohrspitzen kann einigen Pferden Erleichterung verschafft werden. Sie können bei leichteren Koliken auch bereits vor Eintreffen des Tierarztes Colosan eingeben.

> Wenn das Pferd unbedingt liegen will und ruhig liegt, lassen Sie es liegen, aber bleiben Sie bei ihm. Wenn Wälzen nicht zu verhindern ist, versuchen Sie das Pferd in eine Umgebung zu bringen, in der es sich nicht zusätzlich verletzt (Reithalle, Unterricht raus, Patient rein, keine Diskussion ...).

> Feuer im Stall ist eine der gefährlichsten Situationen. Unfallvermeidung und Gefahrenbewusstsein sind immer noch in fast allen Ställen mangelhaft.

Brennt der Stall, bleiben alle geschlossenen Außentüren und Fenster zunächst zu. Das Bergen der Pferde gelingt nur zu zweit und unter Beachten der eigenen Sicherheit. Pferde haben – von uns – gelernt, dass sie in der Box sicher sind. In Angstsituationen wollen sie deshalb nicht nur nicht raus, sondern auch gern wieder rein. Schimpfen und Panik vergrößern nützen nichts. Befreite Pferde dürfen nicht freigelassen werden, sie können auch nach Verlassen des Stalls noch Atemnot bekommen, da die Schleimhaut der Luftröhre nach Rauchvergiftungen anschwillt. Brandverletzungen sind sehr infektionsanfällig!

Nach einem Brand befreite Pferde dürfen nicht freigelassen werden, da sie nach Verlassen des Stalls noch Atemnot bekommen können. (Foto: Tierfotoagentur.de)

Bei diesen beiden ist erfreulicherweise alles in bester Ordnung. (Foto: Hoppe)

> Starke Lahmheiten und Situationen, in denen eine Gliedmaße gar nicht belastet werden kann, sind als Notfälle einzustufen. Lassen Sie das Pferd nach Möglichkeit an Ort und Stelle stehen und bewegen es nicht. Wenn es sich an einem Ort befindet, an dem es sicher nicht behandelt werden kann, bewegen Sie es langsam und vorsichtig unter Schonung des betroffenen Beines. Stark zunehmende Schwellungen können bei geschlossener Haut mit fließendem Wasser, andernfalls mit darangehaltenen (nicht fest gewickelten) Kühlpacks gekühlt werden. Wo keine Kühlpacks greifbar sind, leistet eingepacktes Tiefkühlgemüse gute Dienste. So eine Tüte Tiefkühlerbsen lässt sich auch sehr gut anmodellieren.

> Kann ein Pferd sich plötzlich beim Reiten nicht mehr koordiniert bewegen und zeigt starken Schmerz (ähnlich einer Kolik meist mit deutlichem Schwitzen), könnte es einen Kreuzverschlag haben. Bewegen Sie es gar nicht mehr bis zum Eintreffen des Tierarztes. Decken Sie es ein, und wenn Sie sich nicht im Stall befinden, organisieren Sie eine Transportmöglichkeit.

> Bei allen Notfällen ist es schön, wenn nicht zu viele Unbeteiligte herumstehen. Schaulustige und Vertreter der Presse behindern sinnvolle Erste-Hilfe-Maßnahmen. Reitkinder können nicht gleichzeitig mit einem Notfall adäquat betreut werden. Delegieren Sie das Entfernen von Unbeteiligten, und beauftragen Sie jemanden, die Kinder zu betreuen und ihnen zu helfen, die Situation zu verstehen.

> In allen Situationen, in denen es vielleicht später zu Auseinandersetzungen kommt, dokumentieren Sie das Geschehen. Für den (abwesenden) Pferdebesitzer oder eine Versicherung kann die Dokumentation über zeitlichen Ablauf und Beteiligte sehr wichtig werden. Machen Sie gegebenenfalls Fotos.

Festliegen

Pferde können sich in wirklich erstaunliche Lagen bringen und dann selbst nicht mehr befreien. Die meisten Pferde bleiben, wenn sie die Ausweglosigkeit ihrer Situation erkannt haben, ruhig und warten auf Hilfe (meine Interpretation des klugen Verhaltens; vielleicht fallen sie auch in eine Art Resignation und warten auf das Raubtier).
Panischen Pferden kann oft nicht geholfen werden, weil die Verletzungsgefahr zu groß ist. Auch scheinbar ruhige Pferde können während des Befreiungsversuchs in Panik geraten oder zu früh Eigeninitiative entwickeln. Achten Sie auf die Sicherheit aller Beteiligten.
Pferde, die sich in Baugruben, Gräben, Sümpfe, Brunnen, Brückengeländer oder Ähnliches geklemmt haben, benötigen meist Hilfe von Tierarzt und Feuerwehr. Bis zu deren Eintreffen kann das Pferd nur beruhigt werden. Pferde, die in Hängern oder Boxen festliegen, verletzen sich oft schwer, wenn Helfer wohlmeinend eine Tür öffnen und Körperteile des Pferdes dann dort rausfallen. Türen von Boxen und vordere Hängertüren bleiben in aller Regel daher besser verschlossen. Pferde benötigen Raum vor sich, um aufstehen zu können. In einigen Fällen reicht daher das Zurückziehen des Pferdes von einer Wand oder aus einer Ecke, um eigenständiges Aufstehen zu ermöglichen. Wenn Pferde länger auf einer Seite liegen und nicht hochkommen, kann man sie durch Anschlaufen der Beine und Umdrehen über den Rücken (eigene Sicherheit beachten) in eine Lage bringen, in der sie selbstständig aufstehen können. Pferde haben sehr starke Hälse. Mit einem festen und gut sitzenden Halfter und einem reißfesten Strick, der sicher verankert werden muss (zwei von uns halten kein Pferd), kann man dem Pferd die Möglichkeit geben, sich selbst hochzuziehen.
Die meisten Pferdehänger haben eine Vorrichtung, die erlaubt, die vorderen Stangen von außen zu lösen, das kann sehr hilfreich sein.
Befreite Pferde sollen, wenn das möglich ist, einige Minuten kontrolliert im Schritt bewegt werden. Eine anschließende Untersuchung klärt ab, ob Schäden entstanden sind und ob es eine Ursache des Festliegens gab.

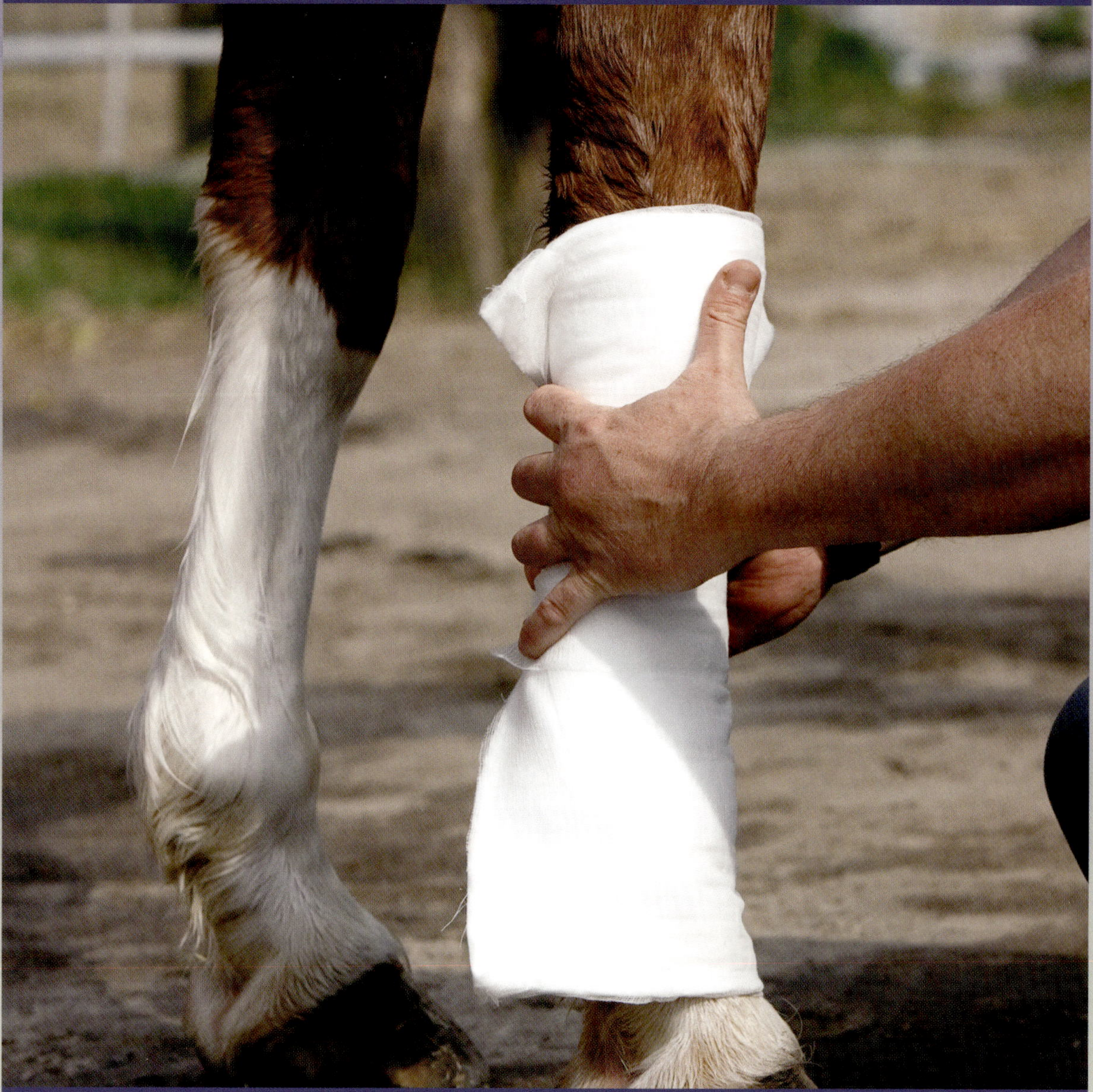

Für das Anlegen eines passenden Verbandes benötigt man ausreichend Material, das in jeder Stallapotheke vorhanden sein sollte. (Foto: JBTierfoto)

Stallapotheke und Erste-Hilfe-Ausrüstung

Sinnvoll ist eine Liste mit Notfalltelefonnummern und eine Möglichkeit zu telefonieren. Schön ist außerdem eine Übersicht über die im Stall lebenden Pferde mit Telefonnummern der Verantwortlichen und einem Hinweis auf die letzte Tetanusimpfung und eventuelle Unverträglichkeiten.

Um im Notfall oder Krankheitsfall helfen zu können, benötigen Sie geeignetes Material. Wichtig ist das Anlegen einer allgemein zugänglichen Stallapotheke mit den nötigsten Utensilien.

Alle Nutzer sollen Sinn und Zweck dieser Stallapotheke einsehen, das hilft sie zu pflegen, Abgelaufenes rechtzeitig auszusortieren und Benutztes zügig zu ersetzen.

Wenn Sie dazu noch über einen ebenen, gut beleuchtbaren und sauberen Platz für Behandlungen verfügen, Ihr Pferd gut erzogen ist und eine Transportmöglichkeit organisiert werden kann, haben Sie schon allerbeste Voraussetzungen geschaffen!

Sprechen Sie Ihren Tierarzt und den Stallbetreiber einmal an, ob das, was vorhanden ist geeignet erscheint, oder ob etwas auffällt, was man noch verbessern könnte. Möglicherweise können sinnvolle Dinge wie beispielsweise eine zusätzliche Steckdose oder eine Kabeltrommel ergänzt werden.

Mindestausstattung Stallapotheke

- Stabiles Halfter mit einem Strick ohne Panikhaken
- Zwei lange stabile Stricke oder Longen
- Ausreichende Mengen Verbandmaterial aus sauberen Wundauflagen
- Polstermaterial und Einmalbinden, Letztere am besten selbsthaftend, da sie einfacher anzulegen sind
- Klebeband
- Fieberthermometer
- Schere
- Wunddesinfektion (Jodlösungen, wie zum Beispiel Vetsept, kein Blauspray)
- Wundsalbe
- Taschenlampe

Nasenbremse, Einmalhandschuhe und ein Stethoskop können hilfreich sein, wenn man damit umgehen kann.

Zusätzlich:

- Rescue-Tropfen
- Arnica-montana-Kügelchen (D6)
- Colosan
- Apis-melifica-Kügelchen (D6)
- Ledum palustre (D12)

Verbandlehre

Verbände können verschiedene Funktionen erfüllen. Sie können Wunden abdecken und vor Verschmutzung schützen, dann spricht man vom Schutzverband. Wenn der Verband zur Immobilisation beitragen soll oder Schwellungen verhindert, gilt er als Stützverband. Auf starke Blutungen macht man einen Druckverband. Zudem können Verbände zum Auftragen von Medikamenten verwandt werden, dann sind es Angussverbände oder Salbenverbände.

Eine gute Befestigung des Verbandes ist unerlässlich. (Foto: JBTierfoto)

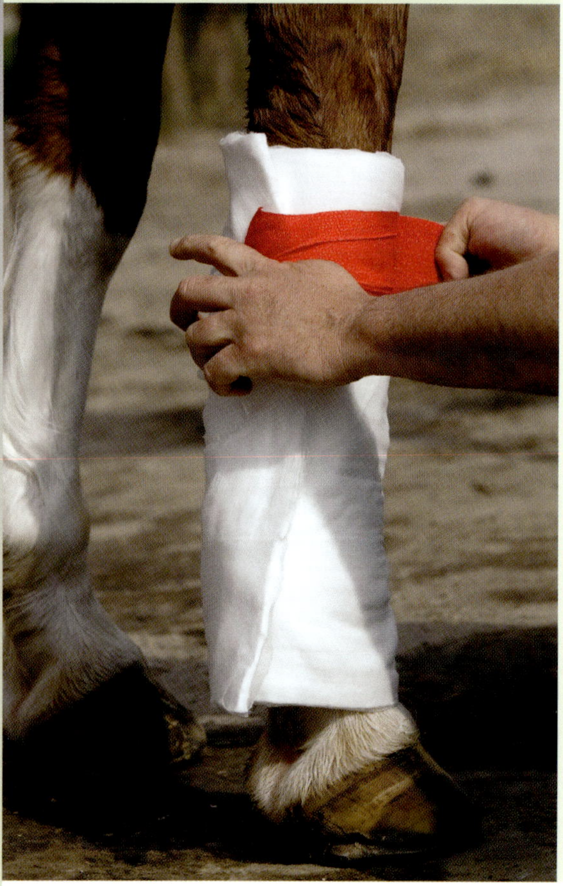

Das Anlegen eines Verbandes ist Übungssache und lässt sich nicht durch Lesen lernen. Es gibt Kurse, in denen man das lernen kann, oder man übt es einmal ohne Anlass, damit die Fähigkeit, einen Verband im Bedarfsfall zügig und korrekt anzulegen, vorhanden ist.

Es gibt sehr viele verschiedene Verbandstoffe in unterschiedlichsten Preislagen. Für die Notfallapotheke und den fröhlichen Pferdefreund, der nicht jeden Tag Verbände wickelt, ist es sicher sinnvoll, in geeignetes Material zu investieren. Wichtig sind gut zu handhabende Wundauflagen, qualitativ gutes Polstermaterial (Mullwatterollen) und Binden zum Fixieren des Verbandes. Selbsthaftende (an sich selbst haftende, nicht klebende) elastische Bandagen sind sehr gut zu verarbeiten. Alle Verbände müssen immer ausreichend gepolstert sein. Sie dürfen nicht so stramm sein, dass sie Druck verursachen, und nicht so locker, dass sie rutschen. Der einfachste Verband ist der Röhrbeinverband; an diesem als Beispiel werden nun die verschiedenen Funktionen eines Verbandes erklärt.

Schutzverband

Auf die gereinigte Wunde legt man die saubere Wundauflage mit der dafür vorgesehenen Seite. Darüber kommt das vorher auf die richtige Größe zugeschnittene Polstermaterial (für ein normales Warmblutbein braucht man etwa 40 mal 40 Zentimeter), möglichst faltenfrei. Die Haftbandage wird im Übergang des mittleren zum unteren Drittel so angelegt, dass die Rolle außen ist. In wenigen Touren wird die Bandage um das Bein nach unten abgerollt, um den Verband zu fixieren. Dann wird die Bandage von unten nach oben mit mäßigem Druck um das Bein gewickelt. Die einzelnen Touren überlappen sich dabei um mindestens ein Drittel der Bandagenbreite. Lässt man die Rol-

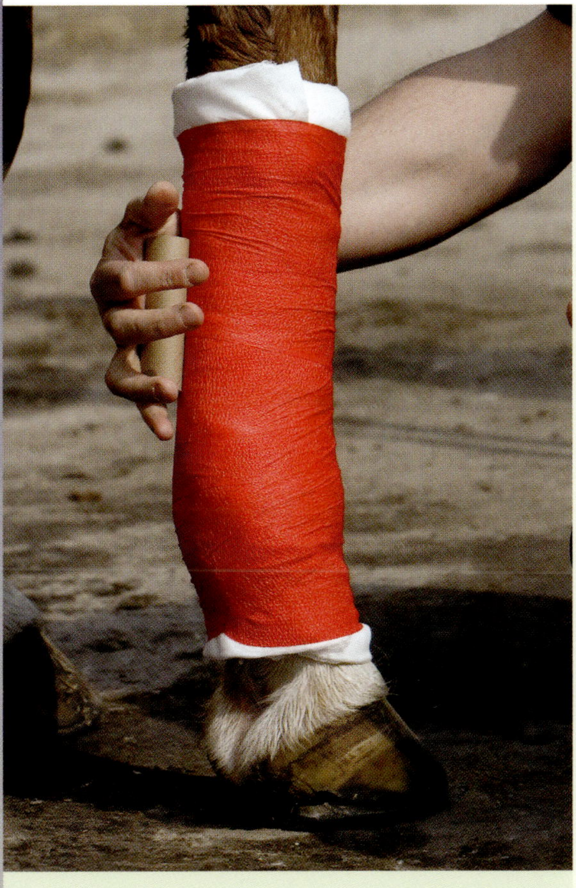

Wenn das Pferd nicht am Verband nagt, kann die Watte zur Polsterung gerne herausgucken. (Foto: JBTierfoto)

le beim Verbinden in der Nähe des Beines, ist der entstehende Druck optimal beeinflussbar. Bei Pferden, die ihre Verbände unangetastet lassen, kann man oben und unten etwa zwei Zentimeter Polster herausgucken lassen. Das Ende der elastischen Bandage kann mit einem Stück Klebeband fixiert werden.

Stützverband

Zum Unterstützen des Gewebes, zum Beispiel bei Schwellungen im Bereich der Sehnen, wird ebenso wie beim Schutzverband verfahren. Auf ausreichende Polsterung ist unbedingt zu achten. Druck stört die Blutzirkulation. Immobilisierende Verbände bleiben meist länger liegen oder werden für einen eventuellen Kliniktransport verwendet. Diese Verbände sind schwierig anzulegen, auch hier ist die Polsterung das Wichtigste.

Druckverbände

Auf Blutungen kann man, um diese zu stillen, sehr effektiv Druck ausüben. Auf- oder In-die-Wunde-Drücken von sauberen, nicht fusselnden Textilien ist die erste Maßnahme. An den Beinen kann gut ein Druckverband angelegt werden. Die Blutstillung erfolgt durch Kompression. Dazu kommt zuerst auf die Blutung ein Polster (Kompressen, ein bis zwei Mullbinden, ein Paket Papiertaschentücher, etwas, das greifbar ist und größer ist als die Blutung), darüber kommt Polstermaterial, das zügig, fest und mit gleichmäßigem Druck umwickelt wird. An der Stelle, unter der das komprimierende Polster liegt, kann die Bandage einmal gedreht werden, um den Druck punktuell zu erhöhen. Während des Wickelns blutet es weiter, das ist normal. Sollte der erste Verband durchbluten, bleibt er trotzdem am Pferd, und ein zweiter kommt mit etwas mehr Druck darüber. So ein durchgebluteter Verband wird spätestens am darauffolgenden Tag gewechselt.

Angussverbände

Sollen bestimmte Medikamente vor Ort aufgetragen werden und länger einwirken, kann man das Polstermaterial damit tränken, bevor es angelegt wird, und nach dem Anlegen mit dem gewünschten Medikament angießen. Salben können direkt auf das Bein oder vor dem Anlegen auf Polstermaterial oder Wundauflage aufgetragen werden.

Spezialmaterialien

Elastoplast, Alplast und Polsterplast sind klebende Materialien, die zur Fixierung von Wundabdeckungen oder Verbänden Verwendung finden. Zum Teil und kurzfristig können Sie auch einzelne Abschnitte einwickeln, hierbei muss allerdings sehr sorgfältig auf die Vermeidung von Druckstellen geachtet werden.

Windeln eignen sich durch Sauberkeit, Saugfähigkeit und mitgebrachte Klettverschlüsse auch recht gut als Verbandmaterial.

Zinkleim wird bei bestimmten Erkrankungen als Verbandmaterial verwendet. Es ist leicht feucht und etwas schmierig. Zinkleim wird meist abgedeckt und mehrere Tage liegen gelassen.

Kühlbandagen können kurzfristig an den Pferdebeinen angebracht werden. Viele der auf dem Markt befindlichen Materialien sind mehrfach verwendbar. Meist müssen diese Bandagen oder Unterlagen durch zusätzliche Bandagen fixiert werden. Sie kommen ohne Polsterung direkt auf das Bein. Sehr gut anwendbar sind auch selbstkühlende feuchte Bandagen, die zum einmaligen Gebrauch in Aufreißfolien auf dem Markt sind. Sie werden unmittelbar nach dem Öffnen der Packung direkt aufs Bein gewickelt und mit einer (beiliegenden) elastischen Bandage fixiert. Dort kühlen sie effektiv für etwa acht Stunden. Diese Verbände eignen sich vor allem bei Verletzungen im Sport, mit ihnen kann auf dem Heimweg im Transporter bereits effektive Erste Hilfe durchgeführt werden.

Hufverband

Es gibt verschiedene Anleitungen zum Anlegen von Hufverbänden. Hufverbände können auch mit Sackleinen, Jutebeuteln oder Plastiktüten gemacht werden. Die einfachste Methode ist, mit dem gewohnten Material zu arbeiten, erst zu polstern und dann zu fixieren. In Ermangelung der dritten Hand und ohne Übung wird es notwendig sein, den Huf von einer weiteren Person aufhalten zu lassen.

Das Polster wird unter die Sohle gelegt und an den Huf herangeklappt, sodass überall am Kronrand etwas Polster liegt. Zum Fixieren eignet sich die elastische Klebebandage. Sie wird in Achtertouren um den Huf gewickelt, bis das Polster im gesamten Hufbereich gleichmäßig verpackt ist. Gelingt das Einpacken der Spitze schwer, so kann der aufhaltende Helfer den An-

Man beginnt einen Hufverband mit einem viereckigen Polster. (Foto: JBTierfoto)

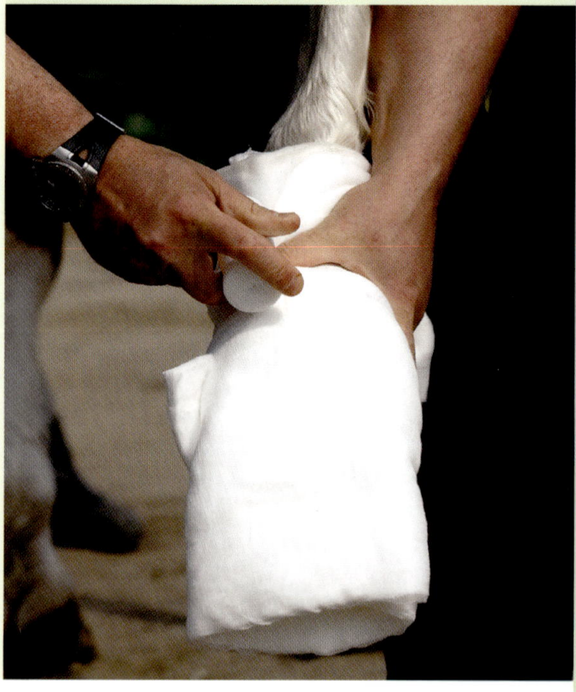

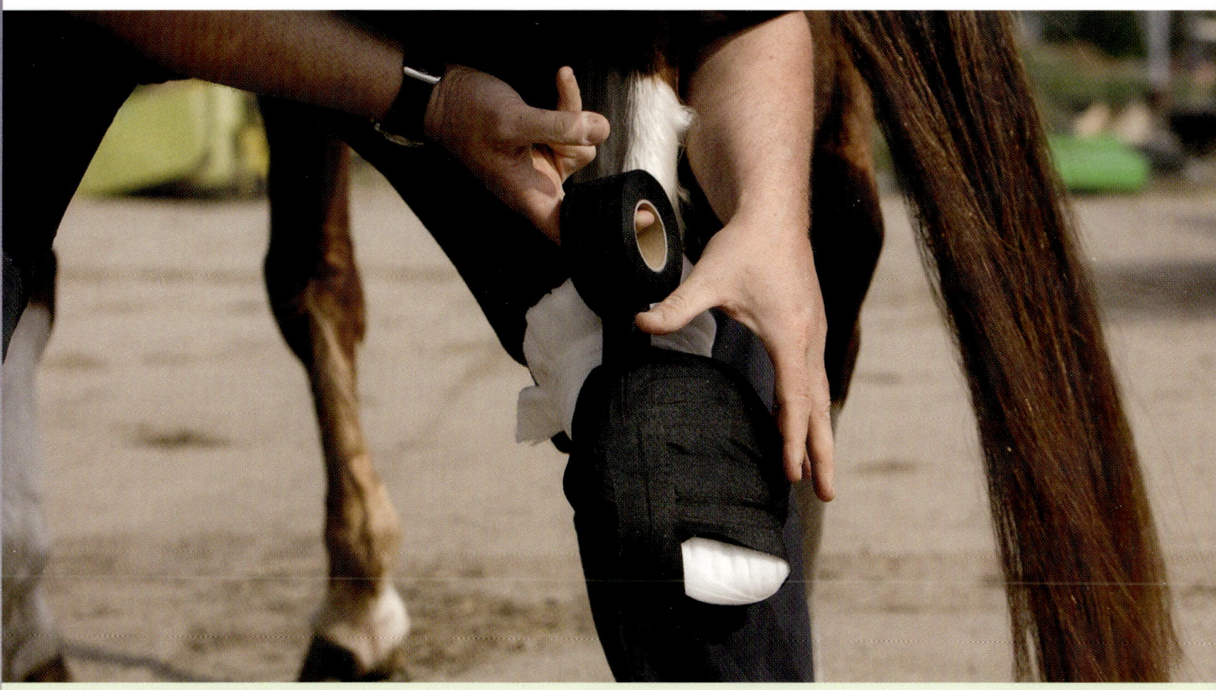

Sparen Sie nicht an dem Tape, das zum Schluss um den Verband gewickelt wird. (Foto: JBTierfoto)

fang der Bandage in der Fesselbeuge halten und die Bandage beim Abwickeln hinter dieser Fixierung herumgeführt werden.

Anschließend wird der Verband mit Klebeband verstärkt. Hier eignet sich beidseitig klebendes schwarzes Isolierband am besten. Ideal ist, wenn ein Helfer eine Sohle aus mehreren Streifen bastelt und im richtigen Moment anreicht. Die wird unter den Huf gelegt und mit Klebeband von der Rolle ordentlich fixiert. Seien Sie großzügig mit dem Material, es ist preiswert und lässt sich auch in mehreren Lagen noch gut anmodellieren.

Hoher Verband am Vorderbein

Um Bereiche am und über dem Vorderfußwurzelgelenk einzuwickeln, ist meist ein aufgesetzter Verband erforderlich. Zuerst wird ein Stützverband an der Röhre angelegt, auf den der hohe Verband gesetzt wird. Das auf der Rückseite des Vorderfußwurzelgelenks gelegene Erbsbein muss unbedingt von ausreichend Polster umgeben sein. Oben am Unterarm kann der Verband mit klebenden Binden fixiert werden.

Sprunggelenkverband

Wie beim hohen Verband am Vorderbein wird zuerst ein Stützverband angelegt. Der aufsitzende Verband ist dick gepolstert und spart beim Anlegen der elastischen Bandage idealerweise den Sprunggelenkhöcker aus. Auf der Beugeseite des Gelenks kreuzen sich die Bahnen der Binde, wenn das Gelenk in Achtertouren verbunden wird.

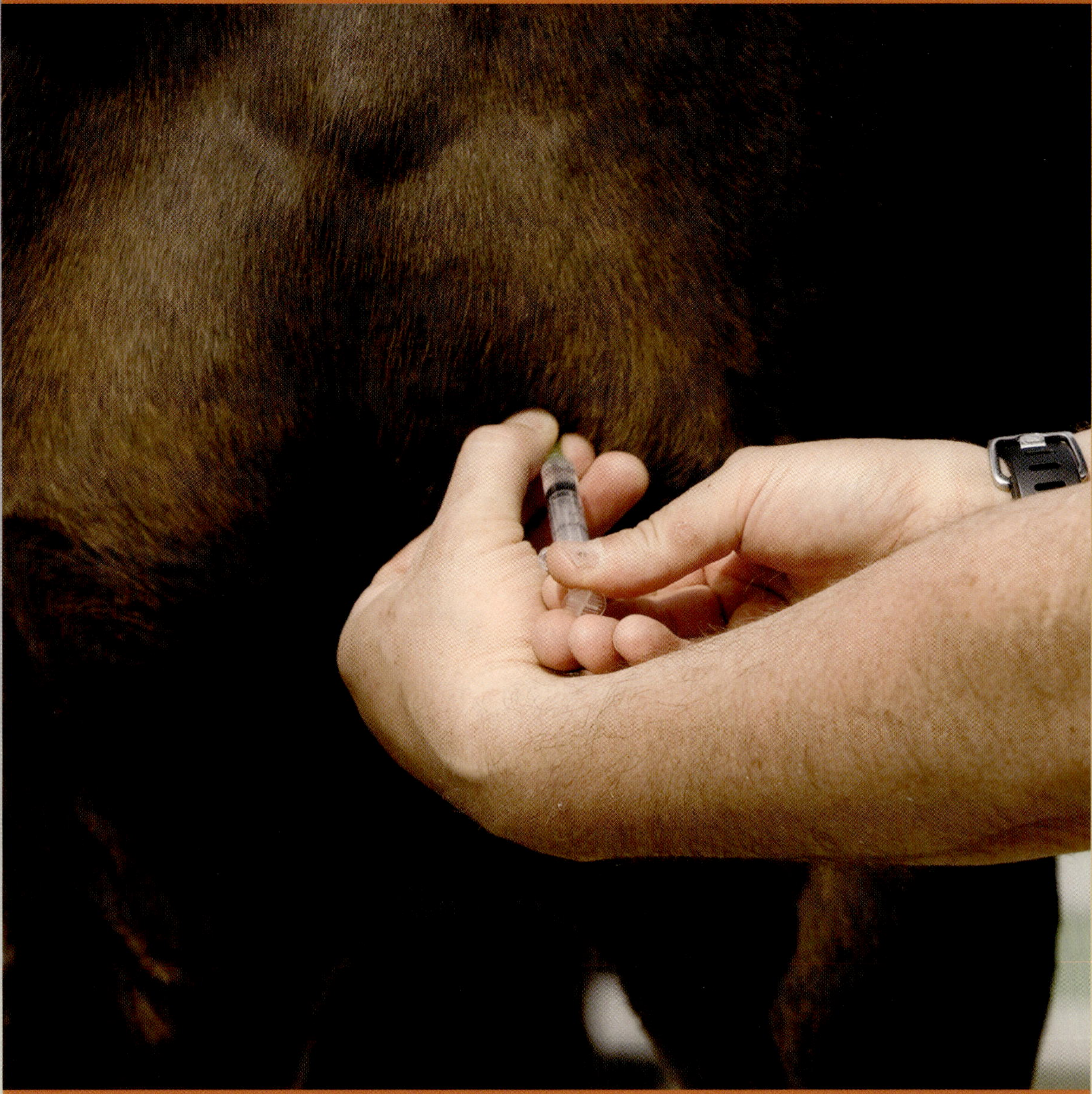

Impfungen schützen wirksam vor den wichtigsten viralen Infektionskrankheiten. (Foto: JBTierfoto)

Infektiöse Erkankungen

Allen infektiösen Erkrankungen gemeinsam ist, dass sie ansteckend sind und zur Erkrankung neben der Krankheitsbereitschaft des Pferdeorganismus immer ein auslösendes Agens vorhanden sein muss.

Dieses Agens kann ganz klein sein und gar nicht allein lebensfähig, wie zum Beispiel ein Virus. Es kann auch aus einer einzelnen Zelle bestehen, wie zum Beispiel ein Bakterium. Es kann ein eigener Organismus sein, der nur einen Teil seines Lebenszyklus im Pferd verbringt; das gilt für fast alle Endoparasiten. Dieses auslösende Agens kann etwas sein, was ohnehin überall vorhanden ist und nur in bestimmten Fällen eine Infektion auslöst. Einige mögliche Auslöser kommen auch nur während einer Epidemie überhaupt in der bereffenden Region vor. Andere Auslöser werden von Insekten übertragen. Infektiös ist aber zum Beispiel auch ein Pilz.

Was ist eine Infektion?

Eine Infektion bedeutet immer das Anheften, Eindringen und Sichvermehren von Krankheitserregern. Gut angepasst pferdespezifische Erreger machen Pferde krank, wollen sie aber normalerweise nicht umbringen, da sie sich damit ihre eigene Lebensgrundlage entziehen.

Zur Erkrankung gehören ähnlich wie beim Tauziehen immer zwei Mannschaften: die Erreger und das Immunsystem. Das ist wichtig für unsere Reaktion auf dieses Geschehen. Infektionen kann prophylaktisch begegnet werden durch spezifische Impfungen, vorbeugende Wurmkuren und unspezifische Steigerung der Abwehrkraft des Organismus.

Therapeutisch können Erreger gezielt bekämpft werden mit dem Ziel, sie zu schwächen, zu vermindern oder zu töten (Antibiotika, Antiparasitika), und die Abwehr kann gestärkt werden.

Bei Kenntnis der Biologie des Erregers lassen sich Ansteckungen vermeiden und Inkubationszeiten schätzen.

Erkrankungen durch Viren

Equine Influenza

Id: Eine Art Grippe, wie sie tierartspezifisch bei vielen Arten vorkommt. Die Equine Influenza ist für Menschen nicht ansteckend. Erreger ist ein Orthomyxovirus, der in den Subtypen A Equi 1 und A Equi 2 vorkommt.

Sy: Die Influenza des Pferdes ist hoch ansteckend mit einer kurzen Inkubationszeit von meist weniger als 24 Stunden. Die Erkrankung ist gekennzeichnet von meist mehreren Fieberschüben, die fast immer auf über 40,0 Gard Celsius ansteigen und einen bis drei Tage dauern; nach kurzer fieberfreier Phase kommt dann der nächste Schub. Zwei bis drei Schübe kennzeichnen den normalen Verlauf. Bereits beim ersten Fieberschub beginnen die Pferde trocken zu husten.

Rk: Ruhigstellung des Pferdes („Bettruhe“)! Die Schonung nach einer schweren Grippe beugt Rückfällen vor. Täglich zweimalige Temperaturkontrolle ist angeraten. Zur Prophylaxe und Therapie von möglichen bakteriellen Sekundärinfektionen können Antibiotika notwendig werden. Steigerung der Abwehr und Medikamente, die Spasmen der Bronchien lösen, sind sinnvoll. Inhalationen und homöopathische Behandlungen unterstützen die Behandlung wirkungsvoll.

A: Bei ausreichender Schonung ist die vollständige Abheilung die Regel.

P: Impfungen mit modernen und geeigneten Impfstoffen sind epidemiologisch und für das einzelne Pferd empfehlenswert. Die Herstellerangaben sollen beachtet und eingehalten werden. Um einen Impfschutz zu erhalten, benötigt man eine vollständige Grundimmunisierung und Auffrischungsimpfungen im angegebenen Abstand. Einige Pferdesportverbände und Veranstalter schreiben Mindestanforderungen für Impfintervalle fest.

Einseitiger zäher Nasenausfluss macht weitere Diagnostik erforderlich. Er kann auf unterschiedliche Erkrankungen hindeuten. (Foto: JBTierfoto)

Herpes

Id: Es gibt verschiedene Erkrankungen beim Pferd, die durch Equine Herpesviren ausgelöst werden. Am häufigsten ist die Rhinopneumonitis, eine ansteckende Atemwegserkrankung. Aber auch das seuchenhafte Verfohlen, das Coitalexanthem, die gefürchtete neurologische Verlaufsform und die eine oder andere Bindehautentzündung gehen auf das Konto von Herpesviren. Equine Herpesviren kommen in verschiedenen Typen vor, von denen der Wissenschaft fünf bereits relativ gut bekannt sind. Sie unterscheiden sich in ihren Oberflächenantigenen und in ihrer Pathogenität. Equine Herpesviren des Typs vier gelten als Auslöser der Atemwegserkrankung. Der Equine Herpes des Typs eins wird für das seuchenhafte Verfohlen, der des Typs drei für das Coithalexanthem verantwortlich gemacht. Neurologische Verlaufsformen kommen vermutlich bei den Typen eins und zwei vor.

Mischinfektionen und Kreuzimmunitäten kommen vor. Sehr häufig sind Herpesvirusinfektionen zudem Wegbereiter für Sekundärinfektionen. Viele Pferde sind latent mit Herpesviren infiziert, beherbergen also den „schlafenden“ Virus, ohne krank zu sein. Solche latenten Infektionen können durch Infektionen von anderen Pferden, durch andere Erkrankungen oder durch Stress aufflammen.

Sy: Die Atemwegsinfektion ist meist gekennzeichnet durch zunächst wässrigen Nasenausfluss und eventuell tränende Augen. Dazu kommt leichtes Fieber und ein eher feuchter Husten. Bei Jungpferden und Fohlen sind Fieber und Husten meist stärker ausgeprägt als beim erwachsenen Pferd. Symptome der Herpesvirusinfektionen treten oft nur bei einigen Tieren eines Bestandes auf.

Das seuchenhafte Verfohlen trifft Stuten zwischen dem siebten und zehnten Trächtigkeitsmonat. Ohne andere Erkrankungssymptome wird relativ leicht das unfertige Fohlen normal geboren. Die Stuten zeigen danach meist keine körperlichen Beeinträchtigungen. Selten kommen auch Geburten von lebensschwachen Fohlen zum normalen Zeitpunkt durch Herpesviren vor.

Die oft tödliche neurologische Verlaufsform tritt gemeinsam mit der Atemwegserkrankung und leichtem Fieber auf. Die Nervenausfälle betreffen das Pferd von hinten. Die Schwere kann sehr unterschiedlich sein. Es gibt Formen mit leicht schwankendem Gang der Hinterbeine ebenso wie Schwierigkeiten beim Entleeren von Blase und Darm und Fälle, in denen die Pferde in hundesitziger Stellung angetroffen werden oder festliegen. Eine Therapie ist meist nur symptomatisch möglich.

Das Coitalexanthem ist in Europa relativ selten. Es ist beschrieben als bläschenförmiger Ausschlag, der bei Stuten an Schamlippen und Euter, beim Hengst am Penis vorkommt. Die Erkrankung wird beim Deckakt übertragen. Die überstandene Erkrankung hinterlässt kleine weiße Flecken dort, wo Bläschen waren.

Rk: Als Viruserkrankung ist die Herpesinfektion kaum ursächlich behandelbar. Bei starkem Fieber können fiebersenkende Medikamente gegeben werden, zur Prophylaxe bakterieller Sekundärinfektionen werden zum Teil Antibiotika verabreicht. Schleimlösende und Bronchien erweiternde Medikamente können, abhängig von den jeweiligen Symptomen, sinnvoll sein. Alternativ helfen bei Fieber Wadenwickel und natürlich auch homöopathische Medikamente. Bei starker Schleimbildung hilft die Inhalation.

A: Die eigentliche Erkrankung dauert drei bis vier Wochen, eine noch mal so lange Schonung danach beugt Rückfällen vor.

P: Gegen Herpesvirusinfektionen kann effektiv und sinnvoll geimpft werden. Die Impfung erfolgt in der Regel mit einem inaktivierten Kombinationsimpfstoff gegen EHV1 und EHV4, auch ein Lebendimpfstoff gegen EHV1 ist erhältlich. Es gibt Kombiimpfstoffe, die gleichzeitig gegen Herpes und Influenza immunisieren. Die Impfung ist allerdings nie ein hundertprozentiger Schutz, auch geimpfte Tiere können erkranken und verfohlen, es ist nur weniger wahrscheinlich. Wenn ein Pferd nach der Impfung erkrankt, dann war es vorher infiziert. Auch deshalb ist eine Untersuchung des Pferdes vor der Impfung erforderlich. Die Herpesimpfung sollte alle Pferde eines Bestandes umfassen, es gibt keinen Einzeltierschutz!

In allen Fällen ist auf eine Grundimmunisierung und regelmäßige Auffrischungen zu achten. Das Direktorium für Vollblutzucht und Rennen schreibt die Impfung gegen Herpes vor.

▶▶ Infektiöse Anämie

Id: Die infektiöse Anämie ist eine anzeigepflichtige Seuche. Erreger ist ein Lentivirus, der weder gezielt bekämpft noch durch prophylaktische Impfungen erwischt werden kann. Vermutlich kommt die Erkrankung zurzeit in Deutschland nicht vor. Die Übertragung erfolgt durch Wirte, die nicht selbst erkrankt ein müssen, Insekten oder Instrumente, die Blut auf kurze Distanzen von einem Pferd zum anderen übertragen, und zum Teil durch Austausch von Körperflüssigkeiten.

Sy: Die akute Erkrankung ist durch Fieberschübe, Schwanken, Ödeme an Beinen und Bauch, punktförmige Blutungen und fleckige Verfärbung der Schleimhäute gekennzeichnet. Es können auch nur einzelne Symptome auftreten. Die Erkrankung geht in ein chronisches Stadium über, in dem die namengebende Anämie entsteht. Es gibt latent infizierte Pferde, die nicht selbst erkrankt sind, aber Überträger sein können. Die Erkrankung ist klinisch nicht sicher zu diagnostizieren. Der Verdacht des Vorliegens der infektiösen Anämie muss gemeldet werden. Zum Nachweis der Antikörper im Blut wird der sogenannte Cogginstest durchgeführt.

Rk: Behandlungen können nicht sinnvoll durchgeführt werden und sind verboten.

P: Eine Prophylaxe ist nicht möglich. Durch die Anzeigepflicht und seuchenmedizinischen Maßnahmen, die Einfuhrkontrollen durch Bluttests und im Einzelfall das Töten des erkrankten Pferdes beinhalten, wird der Ausbreitung Einhalt geboten.

Erkrankungen durch Bakterien

▶▶ Tetanus

Id: Tetanus oder Wundstarrkrampf ist eine durch Toxine des Bakteriums *Clostridum tetani* ausgelöste, fast immer tödliche Erkrankung. Tetanus kann bei allen Tieren und beim Menschen vorkommen, das Pferd gilt als besonders empfindlich. Gerät das nahezu überall in sehr haltbarer Form (Sporen) vorkommende Bakterium in Wunden in eine sauerstoffarme Umgebung, so produziert es den gefährlichen Giftstoff, auch das Tetanospasmin. Dieses Gift wandert im Körper an

Dieses Pferd ist an Tetanus erkrankt, eine Erkrankung, die für das Pferd sehr schmerzhaft ist und meistens tödlich endet. Eine Impfung beugt vor. (Foto: Dr. Ende)

Nerven und infiziert diese. Je nach Entfernung des Eindringortes vom Rückenmark kann es bis zu den ersten Symptomen einige Zeit dauern. Kleine Stichverletzungen, Verletzungen mit Taschenbildung und Bissverletzungen sind gefährlich.

Sy: Bei Ausbruch der Symptome ist das Pferd zuerst nur etwas steif und durch das unsichere Gefühl schreckhaft und empfindlich. Die Steifigkeit breitet sich schnell aus. Innerhalb eines Tages wird das ganze Pferd bretthart. Es steht breitbeinig, sägebockartig da, und die Muskulatur des Gesichts wird starr. Kauen und Schlucken werden erst schwierig und schmerzhaft und funktionieren dann gar nicht mehr. Häufig fällt das dritte Augenlid sichtbar vor. Krampfanfälle und Schwitzen sind möglich. Im weiteren Verlauf kommt es zum Festliegen. Die allermeisten Pferde sterben trotz Behandlung innerhalb von drei bis zehn Tagen nach dem Ausbruch. Bei langsamem Krankheitsverlauf, früher Diagnose und zeitigem Therapiebeginn können Pferde die Tetanusinfektion in seltenen Fällen überleben.

Rk: Die Erkrankung ist sehr schmerzhaft und fast immer tödlich, ein Therapieversuch bei ausgebrochener Erkrankung muss sehr gut überlegt werden. Wenn ein Therapieversuch unternommen wird, ist für Ruhe, Dunkelheit, Polsterung und ausreichende Schmerzminderung unbedingt zu sorgen (das Pferd

Durch Anlegen der Finger an den Wimpernrand ist das dritte Augenlid beurteilbar. Das sichtbare Vorfallen des dritten Augenlides kann ein Anzeichen für eine Tetanuserkrankung sein. (Foto: JBTierfoto)

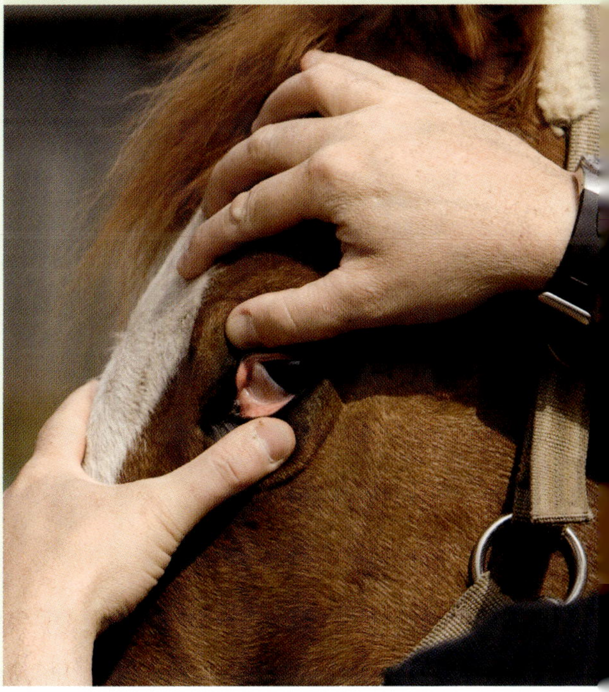

kann sowieso nicht schreien oder weinen und bei dieser Erkrankung auch nicht weglaufen!). Die Therapie kann vier bis sechs Wochen dauern, bevor man weiß, ob das Pferd es schafft. Wenn es sich erholt, kann mit vollständiger Genesung gerechnet werden.

P: Gegen Tetanus kann man sehr sinnvoll prophylaktisch impfen. Die Grundimmunisierung erfolgt je nach Impfstatus der Mutter bereits im dritten bis sechsten Lebensmonat, die dritte Impfung nach einem Jahr und Auffrischungen alle drei Jahre. Bei ungeimpften Pferden ist eine Grundimmunisierung auch beim erwachsenen Pferd immer möglich und sinnvoll. Wer einmal ein Pferd an Tetanus hat erkranken und sterben sehen, verzichtet nie mehr auf diese Impfung, weder bei sich selbst noch bei dem Pferd, das er liebt. Bei ungeimpften Pferden kann im Verletzungsfall simultan aktiv und passiv geimpft werden. Auch hier muss sich die Grundimmunisierung anschließen.

Zu dieser Impfung gibt es keine Alternative, auf eine natürliche Immunität zu bauen ist falsch.

▶▶ Druse

Id: Druse ist eine bakterielle Infektion, die durch *Streptococcus equi subspecies equi* hervorgerufen wird. Dieser Erreger ist ein stäbchenförmiges Bakterium, der viele ähnliche Verwandte hat, die auch Infektionen auslösen, aber ihm an Pathogenität deutlich unterlegen sind. Druse ist sehr ansteckend, Einzeltiererkrankungen kommen praktisch nicht vor. Die Druse entsteht gern als Sekundärinfektion auf vorgeschädigter Schleimhaut. Stress, Enge, schlechte Belüftung und Schwächung der Abwehrkräfte helfen dieser Infektion bei der Ausbreitung.

Sy: Nach einer Inkubationszeit von acht bis zehn Tagen entwickeln sich Symptome einer Erkrankung der oberen Atemwege. Nasennebenhöhlen, Rachen und Luftsäcke sind betroffen. Charakteristisch ist die erhebliche Schwellung der Kopflymphknoten. An den Lymphknoten zwischen den Unterkieferästen kann eine derbe und schmerzhafte Schwellung leicht gefühlt werden. Die Druse geht mit sehr hohem Fieber einher. Meist haben die Pferde mehrere Tage über 40 Grad Celsius Fieber. Durch die Schmerzen im Rachen stehen die Pferde oft mit nach vorn gestrecktem Kopf und haben Schwierigkeiten beim Schlucken (auch beim Trinken, da läuft dann manchmal Wasser aus der Nase). Innerhalb der ersten Tage entsteht zuerst wässriger, später eitriger Nasenausfluss. Die Lymphknoten können Abszesse bilden, die sich nach außen öffnen können. Der Vergleich des Abszessinhaltes mit Vanillepudding ist zutreffend, aber ziemlich unappetitlich. Bei normalem Verlauf ohne Komplikationen heilt eine Druseerkrankung innerhalb von drei Wochen ab.

Rk: Boxenruhe und absolute Schonung sind das wichtigste therapeutische Instrument! Das Bakterium ist fast immer empfindlich gegen die Behandlung mit Penicillin, im Einzelfall wird das durch ein Antibiogramm bestätigt. Der Einsatz des Antibiotikums ist trotzdem nicht unbedingt richtig. Bestehen bereits deutliche Lymphknotenschwellungen, sollte es nicht eingesetzt werden. Die Gefahr, die Abszessreifung dadurch zu verhindern und dauerhaft eingeschlossene Eiterbakterien zu behalten, ist zu groß. Gefährlich sind auch Abszesse in Brust und Bauchraum, die nicht zugänglich sind und beim Aufgehen Eiter direkt in die Körperhöhlen entlassen würden. Es ist wichtig, dass in jedem Einzelfall der Zeitpunkt des therapeutischen Eingreifens, der Zustand der Lymphknoten und die Wahrscheinlichkeit der Streuung beachtet und ein Einsatz von Antibiotika sorgfältig abgewogen wird. Bei Beulen am Kopf kann der Abszessreifung von außen durch Wärme (Rotlicht oder Breiumschläge werden oft als lindernd empfunden) oder Zugsalbe geholfen werden. Je nach Verlauf können schleimlösende Medikamente und Inhalationen hilfreich sein. Fiebersenkende Wadenwickel tun dem Patienten gut, fiebersenkende Medikamente sollen nur bei stark geschwächten, inappetenten Pferden (die nicht fressen wollen) mit sehr hohem Fieber eingesetzt werden. Das Schwitzen nach so einer Spritze ist nämlich auch nicht so gesund, das Fieber selbst ist ja ein Teil der funktionierenden Abwehr. Eine Stärkung des Immunsystems ist sinnvoll. Homöopathische Behandlung kann die Heilung unterstützen. Futter und Wasser werden in der akuten Krankheitsphase am besten vom Boden gereicht, sodass mit gestreckter Kopfhaltung und bei abfließendem Eiter geschluckt werden kann. Futter weich und feucht zu machen (Mash, Heucobs) erleichtert dem Patienten das schmerzhafte Schlucken.

Komplikationen treten bei nicht ausreichender Schonung bei jedem vierten Patienten auf, mit solchen Komplikationen kann die Krankheitsdauer drei Monate betragen und es kann zu dauerhaften Einschränkungen kommen.

P: Es gibt einen interessanten Impfstoff gegen die Druseerkrankung. Er kann auch noch eingesetzt werden, wenn im Nachbarstall bereits Druse ausgebrochen ist, die eigenen Pferde aber noch keine Symptome zeigen. Der Impfstoff wird mit einer speziellen Nadel innen in die Oberlippe gespritzt und induziert direkt eine Verbesserung der Abwehr der Schleimhäute. Die Impfung muss wiederholt werden und erzeugt leider keine sehr lange Immunität. In gefährdender Umgebung kann viermal im Jahr geimpft werden. Über den Sinn einer prophylaktischen Impfung sollte im Einzelfall der Tierarzt entscheiden. Prophylaktisch sind ebenfalls gut durchgeführte Influenzaimpfungen, da Druse häufig als Sekundärinfektion vorkommt.

A: In aller Regel und bei komplikationslosem Verlauf klingt die Erkrankung innerhalb von drei Wochen restlos ab. Sie hinterlässt ein geschwächtes Pferd, das langsam wieder aufgebaut werden sollte. Mit der Arbeit kann vorsichtig begonnen werden, wenn die Abszesse abgeheilt sind und das Pferd mindestens drei Tage normale Körpertemperatur hat.

▶▶ Borreliose

In der veterinärmedizinischen Wissenschaft besteht noch Uneinigkeit darüber, ob es eine Borreliose beim Pferd, ähnlich des Krankheitsbildes bei Mensch und Hund, überhaupt gibt. Verschiedene Diagnoseverfahren werden angeboten, die ermittelten Titer korrelieren aber leider nicht mit der Stärke der Symptome. Die ganze Erkrankung ist umstritten.

Id: Die Borreliose ist eine von Zecken übertragene Erkrankung, deren Erreger Spirochäten sind.

Sy: Symptome an der Haut, im Bewegungsapparat (wechselnde Lahmheiten), am Nervensystem und an inneren Organen werden der Borreliose zugeschrieben.

Die Diagnoseabsicherung erfolgt durch Bluttests, Untersuchung von Gelenkpunktaten oder Kammerwasser aus dem Auge und Untersuchungen von Hautstanzen.

P: Eine gute Zeckenprophylaxe ist der wichtigste Faktor, um vor dieser Erkrankung zu schützen.

Verwendung von Repellentien, Permethrin (Wellcare) oder Fipronil (Frontline) kommen hier infrage. Zecken sind achtbeinig, Insektizide helfen nicht. Die Borrelie muss in der Zecke, nachdem die gestochen hat, erst vom Darm (der Zecke) in die Mundwerkzeuge wandern, um übertragen werden zu können. Regelmäßiges Absuchen des Pferdes und das zügige Entfernen von Zecken ist sinnvoll.

A: Es ist möglich, dass sich Borrelien allen Therapeutika unzugänglich in schlecht durchblutete Gewebe zurückziehen und dort still verbleiben. Solche Infektionen können immer wieder aufflammen. Auch entstandene Infektionsschäden sind meist chronisch.

Erkrankungen durch Parasiten

Erkrankungen durch Ektoparasiten

Diese Erkrankungen, die durch Läuse, Haarlinge und Milben entstehen können, werden im Kapitel über die Erkrankungen der Haut behandelt.

Erkrankungen durch Protozoen

... wie Kokzidien, Sarkozidien, Piroplasmen, Trypanosomen, Trichomonaden und Giardien sind beim Pferd in Mitteleuropa zum Glück relativ selten.

Ganzjährige Haltung an frischer Luft hält gesund. Im Winter ist weniger mit Parasitenbefall zu rechnen, im Sommer sollte aber vorgebeugt werden. (Foto: Hoppe)

Wer so einen Spulwurm im Kot seines Pferdes entdeckt muss handeln: Spulwürmer können großen Schaden anrichten. Regelmäßige Wurmkuren beugen vor. (Foto: Dr. Ende)

Erkrankungen durch Endoparasiten

Verschiedenste Würmer können als Endoparasiten in Pferden vorkommen. Das wurmfreie Pferd gibt es nicht. Die Häufigkeit des Vorkommens unterscheidet sich nach Alter des Pferdes, Haltungsform, Hygiene und Jahreszeit. Die Diagnose erfolgt durch Kotuntersuchungen, wobei nicht alle Parasiten eindeutig nachgewiesen werden können. Die Behandlung erfolgt gezielt nach dem Nachweis und am besten gleich für den ganzen Bestand. Eine gute Hygiene (tägliches Ausmisten und Absammeln des Kotes von Weide und Paddock) und prophylaktische Wurmkuren sind die wichtigsten Maßnahmen zur Bekämpfung dieser Erkrankungen. Koliken nach Wurmkuren entstehen selten, sie werden durch das massive Absterben der Parasiten verursacht. Stark verwurmte Pferde versucht man vor dem Zusammenbringen mit anderen Pferden in mehreren Schritten zu entwurmen.

Palisadenwürmer oder Strongyliden umfassen die sogenannten Blutwürmer und die kleinen Strongyliden. Sie sind die häufigsten Parasiten und kommen vor allem in Weidehaltung vor.

Die Blutwürmer oder großen Strongyliden werden bis zu 2,5 Zentimeter groß und heften sich an die Darmschleimhaut von Blinddarm und Dickdarm. In ihrer Entwicklung wandern sie als Larven durch den Pferdekörper und schädigen die Blutgefäße im Bauchraum.

Kleine Strongyliden kommen in über fünfzig verschiedenen Arten vor. Vor allem gegen Ende der Weidesaison infiziert das Pferd sich durch die Aufnahme von Larven mit dem Gras. Diese Würmer schädigen die Darmwand in Blinddarm und Dickdarm. Sie sind in der Lage, sehr lange zu überleben und sich in der Darmwand einzukapseln. Das hat Auswirkungen auf die Behandlung. Viele Antiparasitika erreichen diese eingekapselten Stadien nicht. Sie töten die erwachsenen Würmer, und unmittelbar danach wandern die geschützten Larven aus, womit das Pferd genauso verwurmt ist wie vor der Behandlung und nachbehandelt werden muss. Antiparasitika, die auch eingekapselte Stadien erreichen, haben einen nachhaltigeren Erfolg. Bei schlecht entwurmten Pferden, die viele solcher eingekapselter Larven haben, kann es allerdings nach dem Einsatz des nachhaltigen Präparates zu einem so massenhaften Sterben der Larven in der Darmwand kommen, dass hierdurch Koliken entstehen.

Die Eier der Dasselfliege kleben im Fell der Pferde. Sie müssen entfernt werden, damit die Pferde die Fliegeneier nicht durch Lecken aufnehmen. (Foto: Dr. Ende)

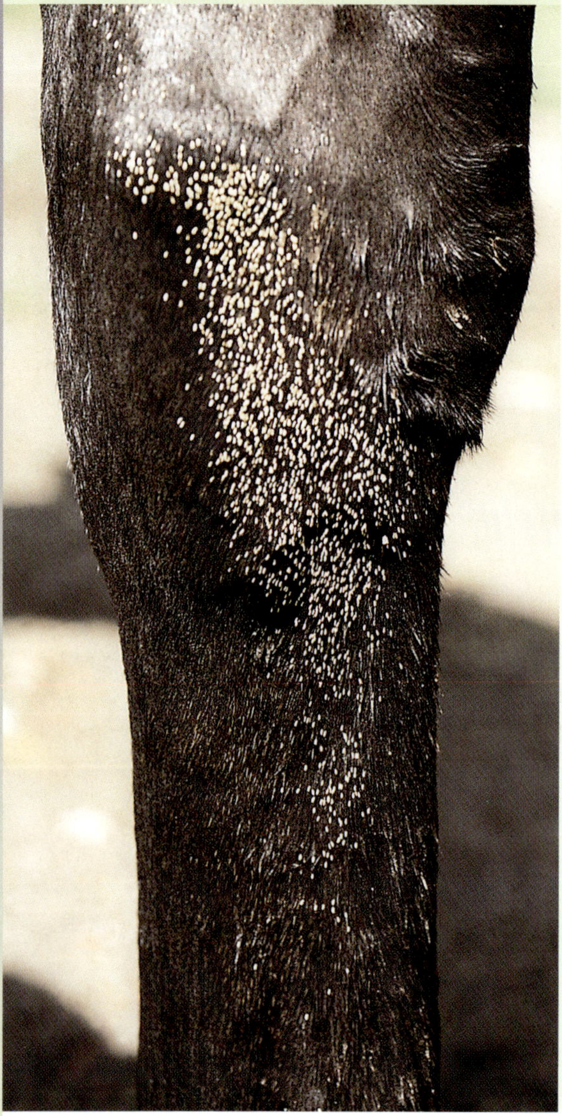

Bandwürmer kommen ausschließlich in Haltung mit Weidegang vor, da sie für ihre Entwicklung die Moosmilbe als Zwischenwirt benötigen. Häufig sind Pferde mit diesen bis zu vier Zentimeter großen Würmern befallen, ohne typische Symptome zu entwickeln. Bandwürmer sind nicht gut nachweisbar. Findet man ein Bandwurmglied auf der Koppel oder entsteht der Verdacht des Bandwurmbefalls aufgrund von Koliken oder unerklärbaren Verdauungsstörungen und Durchfall, so behandelt man den gesamten Bestand mit einem geeigneten und dafür zugelassenen Präparat.

Magendasseln sind keine Endoparasiten im engeren Sinne, sondern Entwicklungsstadien der Dasselfliege. Sie leben von September bis etwa Mitte Januar im Pferdemagen und können unbekämpft erhebliche Schäden anrichten. Die Dasselfliege legt ihre Eier an den Beinen der Pferde ab. Durch den Juckreiz wird das Pferd an diesen Stellen knabbern und sich belecken. Es schlüpfen Larven aus den kleinen gelben

Eiern, die als 1,5 Zentimeter große tonnenförmige Parasiten an der Magenschleimhaut leben. Ohne Bekämpfung bleibt die Dasselfliege dort bis zum Frühjahr, wird dann mit dem Kot ausgeschieden und verpuppt sich, bis eine neue Dasselfliege schlüpft. Im Magen hinterlässt sie Blutungen, Entzündungen und Geschwüre. Sichtbare Eier an den Pferdebeinen im Spätsommer und Herbst kann man entfernen. Im Spätherbst und Winter können die Larven mit Antiparasitika aus der Gruppe der Avermectine sinnvoll bekämpft werden.

Zwergfadenwürmer und Spulwürmer kommen vor allem bei Fohlen und Jährlingen vor.

Spulwürmer wandern als Larven durch das ganze Pferd und schädigen Leber und Lunge. Bei stark befallenen Jungpferden können sie aus den Nüstern kommen (dann hustet das Pferd aber schon eine Weile unbehandelt).

Pfriemenschwänze leben gern in älteren Pferden. Sie sind die einzigen Parasiten, deren Vorkommen man von außen mit bloßem Auge sehen kann. Die Pfriemenschwanzweibchen kriechen nämlich zur Eiablage aus dem After heraus und legen ihre Eier als sichtbare Eischnüre neben den After. Das juckt. Starkes Schweifscheuern kann den Befall anzeigen.

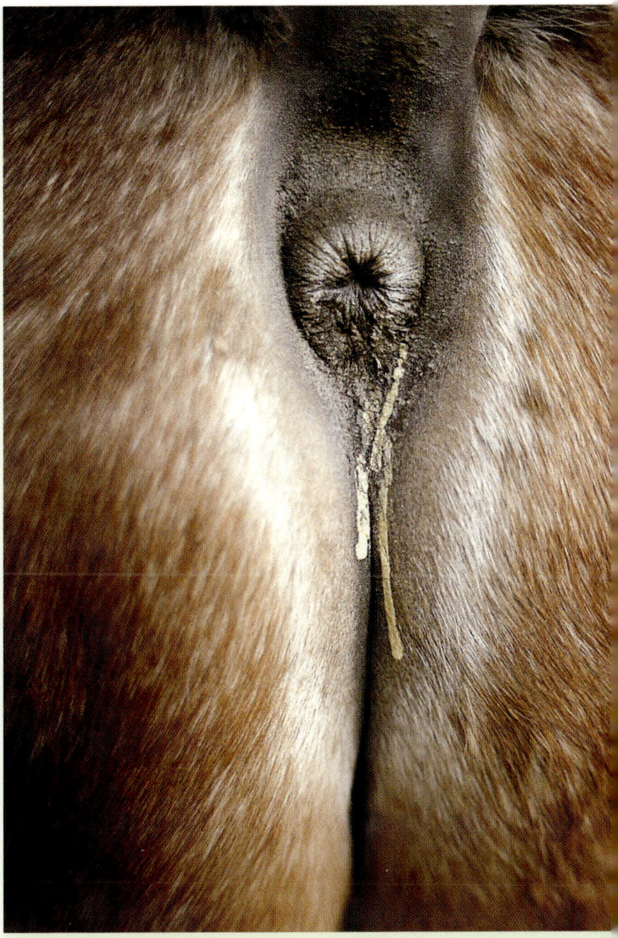

Die Pfriemenschwanzweibchen legen ihre Eier in sichtbaren Schnüren neben dem After des Pferdes ab. (Foto: Dr. Ende)

Starkes Schweifscheuern kann unter anderem den Befall mit Pfriemenschwänzen als Ursache haben. (Foto: Hoppe)

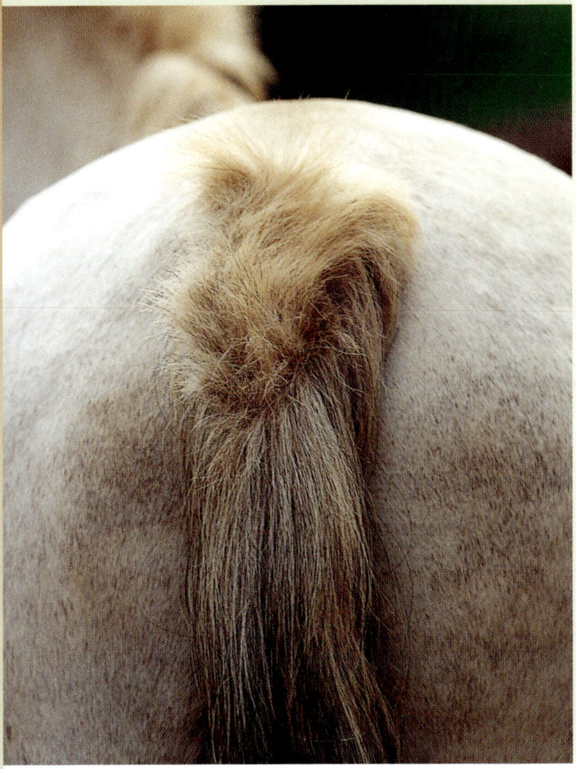

Verletzungen vermeiden: Stromzäune aus sehr haltbarer Litze reißen nicht. Sie müssen straff gespannt sein und in der richtigen Höhe angebracht sein. (Foto: Tierfotoagentur.de)

Verbrennungen, Verätzungen und Verletzungen durch Strom

Verbrennungen und Verätzungen kommen beim Pferd relativ selten und praktisch nur nach dramatischen Unfällen vor. Wunden, die durch Verbrennungen oder Verätzungen entstehen, dringen immer tief in die Haut ein und sind sehr anfällig für Infektionen. Bis zum Eintreffen des Tierarztes können solche Wunden sauber und feucht abgedeckt werden, wenn entsprechendes, nicht an der Wunde haftendes Material zur Verfügung steht.

Verbrennungen werden unterschieden in Verbrennungen, die thermische Ursachen haben, also in der Nähe von Hitze oder durch Berührungen mit heißen festen Gegenständen entstehen, und in Verbrennung durch Reibung. Außerdem können Verbrühungen entstehen, wenn heiße Flüssigkeit auf die Pferdehaut gelangt. Verbrennung durch Reibung kommt häufiger vor. Es kann zum Beispiel passieren, dass beim Longieren die Longe in der Fesselbeuge hängen bleibt und dadurch Hautabschürfungen entstehen.

Verletzungen durch Verbrennungen sondern im Vergleich mit den meisten anderen Wunden beim Pferd eine besonders große Menge Wundflüssigkeit (Exsudat) ab. Dieses Exsudat kann mehr oder weniger

Auch Sonnenbrand kann Verbrennungserscheinungen hervorrufen. Gerade bei Pferden mit weißen Nasen, bei denen rosa Haut durchschimmert, sollte man mit einer Sonnenschutzcreme vorbeugen. (Foto: Slawik)

blutig sein und ist einer der Gründe dafür, dass Verbrennungen sehr infektionsgefährdet sind.

Verbrennungen werden nach dem Ausmaß der Schädigung des Gewebes in verschiedene Grade eingeteilt:

Verbrennungen ersten Grades sind typischerweise schmerzhaft und zeichnen sich durch verdickte und gerötete Haut aus. Sie heilen relativ gut und sind nicht lebensbedrohlich. Die betroffenen Bereiche sollten gekühlt werden, um möglichst zügig die Hitze aus der Region zu entfernen und so das Absterben von Hautpartien zu verhindern. Zur weiteren Behandlung genügt in aller Regel die Abdeckung mit geeigneten Salben. Meist ist eine Behandlung des Pferdes mit Schmerzmitteln nötig.

Verbrennungen zweiten Grades sind sehr schmerzhaft und deutlich umfassender. In der Haut entstehen deutliche Flüssigkeitsansammlungen in der Unterhaut (Ödeme) und Entzündungen. Auch tiefe Hautschichten sind betroffen. Auch die Verbrennung zweiten Grades ist in der Regel nicht lebensbedrohlich. Oft entstehen Brandblasen, die zu Beginn geschlossen bleiben sollten. Nach zwei Tagen können die Brandblasen geöffnet und die Stellen mit antibiotischen Salben behandelt werden. Wenn Verbände zur Behandlung eingesetzt werden, sollten diese täglich gewechselt werden.

Bei Verbrennungen dritten Grades ist die Haut vollständig zerstört. Oft sind auch noch tiefer liegende Strukturen mit betroffen. Die Heilung solcher Wunden ist kompliziert und dauert in aller Regel lange. Bei großflächigen Veränderungen kann sogar eine Hauttransplantation sinnvoll sein. Je nach Ausdehnung können Verbrennungen dritten Grades lebensbedrohlich sein. Bei Pferden mit solchen Verbrennungen muss meistens zuerst der lebensbedrohliche Verbrennungsschock behandelt werden. Dafür sind Infusionen von Ringerlösung und möglicherweise auch Plasma erforderlich. An den verbrannten Stellen muss alles tote Gewebe vollständig entfernt werden und die Wunden sollten gespült, antibiotisch versorgt und feucht gehalten werden. Verbände müssen täglich gewechselt werden. Solche Brandwunden infizieren sich immer und der Wechsel der antibiotischen Salben kann sehr sinnvoll sein, um die Infektion kontrollieren zu können. Während der Heilung tritt fast immer Juckreiz auf, der eventuell eine Ruhigstellung des Pferdes mit Sedativa erforderlich macht, um selbstzerstörendes Verhalten (Benagen und Belecken der juckenden Wunden) zu verhindern. Von Verbrennungen dritten Grades betroffene Pferde haben immer einen erhöhten Energie- und Eiweißbedarf.

Im Rahmen von Verbrennungen entstehen oft Veränderungen an den Augen. Schwellungen der Augenlider und Veränderung der Hornhautoberfläche bis hin zu Hornhautgeschwüren können auftreten. Es ist ganz besonders wichtig darauf zu achten und durch rechtzeitiges und ausreichend häufiges (mindestens alle sechs Stunden) Einbringen von antibiotischen Augensalben (kein Cortison!) Komplikationen möglichst zu vermeiden.

Wichtig sind außer den gefährlichen Wunden immer die zeitgleich entstandenen anderen Veränderungen. Pferde, die mit Verbrennungen aus einem Feuer gerettet werden, haben oft auch Probleme mit Rauchvergiftungen und Ödemen der Atemwegsschleimhäute. Pferde nach Verätzungen haben oft auch Vergiftungsprobleme.

Verletzungen durch Strom kommen im Rahmen von Unfällen an Hochspannungsleitungen oder Blitzschlag selten, durch Stromzäune relativ häufig vor. Am wichtigsten in diesem Zusammenhang ist die Vermeidung. Stromzäune aus sehr haltbarer Litze reißen nicht. Sie müssen straff gespannt sein und in Höhe und Entfernung von Gräben und anderen Zäunen pferdegerecht gebaut sein. Sollte ein Pferd in den Zaun geraten, ist es gut, wenn alle wissen, wo man den Strom ausschaltet, vorher kann ein Pferd nicht sicher geborgen werden.

Das Ausmaß der Beeinträchtigung beim befreiten Pferd kann nur beurteilt werden, wenn die Schleimhäute betrachtet werden und der Puls gemessen wird. Bei Unregelmäßigkeiten benötigt das Pferd auf jeden Fall schnell einen Tierarzt.

Bei Augenproblemen im Rahmen von Verbrennungen bitte antibiotische Augensalben ohne Cortison verwenden. (Foto: Würtz)

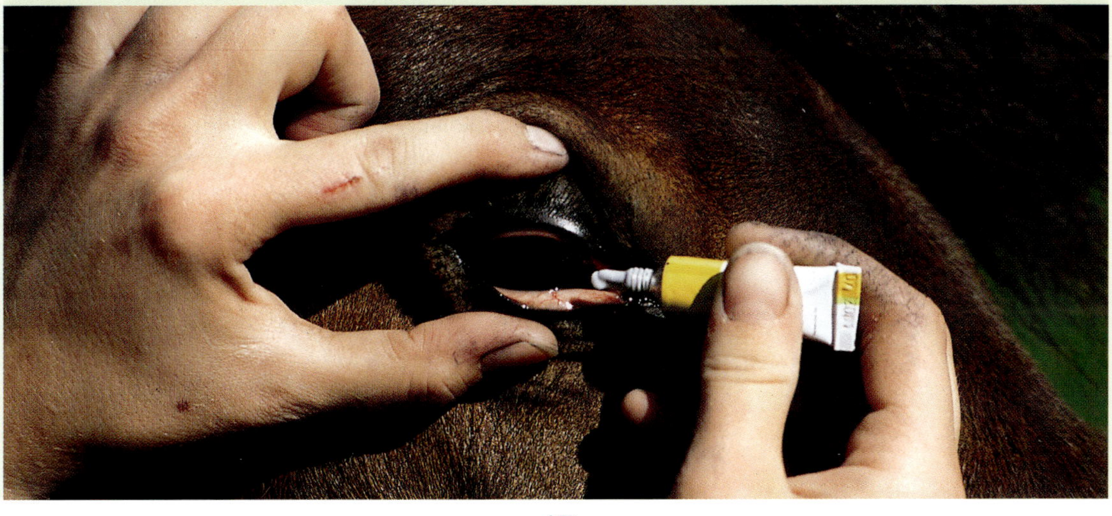

Der Instinkt hilft oft auch schon ganz kleinen Pferden zwischen bekömmlich und unbekömmlich zu unterscheiden. (Foto: Hoppe)

Vergiftungen

Id: Vergiftungen bei Pferden treten oft durch Aufnahme giftiger Pflanzen oder chemischer Giftstoffe auf.

Sy: Die Symptome von Vergiftungen können sehr unterschiedlich sein. Durchfall, Koliken, Erhöhung der Atemfrequenz, Schwitzen, Unruhe, Kreislaufprobleme und Gleichgewichtsstörungen können auftreten, aber auch Apathie und Fressunlust können Vergiftungsanzeichen sein. Oft ist es schwierig herauszufinden, was die Ursache ist.

Rk: Wichtig ist das Bemühen um Vermeidung. Pferde können recht gut Giftiges von Ungiftigem unterscheiden, wenn sie stressfrei Pflanzen in ihrem natürlichen Vorkommen antreffen. Pferde können allerdings nicht Giftpflanzen im Heu (Herbstzeitlose und Kreuzkraut sind Beispiele für Pflanzen, die auch da noch giftig sind) erkennen oder bei Holzschnitzeln auf Paddockböden die Herkunft erahnen. Leckere, meist salzige Dünger erkennen Pferde auch nicht als gefährlich. Kurzes unerlaubtes Abbeißen von Pflanzen, an denen man gerade vorbereitet, ist auch gefährlich, mit dem Unterschied, dass man dann wenigstens weiß, was das Pferd gefressen hat.

Die Giftaufnahme muss unterbunden werden und das Pferd benötigt einen Tierarzt. Kurze Zeit nach der Aufnahme können Gifte mit einer Sonde noch aus dem Magen gespült werden. Danach hilft ein Beschleunigen der Darmpassage, eventuell das Eingeben von Flohsamen und die Behandlung der auftretenden Symptome.

A: Einige Vergiftungen (Robinie, Eibe, Botulismus) können auch bei rechtzeitiger Behandlung tödlich sein.

Pferde knabbern gern an Baumrinden. Dies schadet nicht nur den Bäumen, sondern möglicherweise auch den Pferden selbst. (Foto: Tierfotoagentur.de)

Giftige Pflanzen mit tödlicher Wirkung

Ziergärten, Wälder, Waldränder und Bachufer beherbergen viele tödliche Giftpflanzen in ihrer Gräser- und Sträucherwelt. Um gar nicht erst die Gefahr einer Pflanzenvergiftung zu riskieren, sollten Pferde während eines Ausrittes grundsätzlich an keinem Grünzeug fressen dürfen. Das erfordert eine konsequente Erziehung durch den Reiter, schützt aber das Pferd sicher vor einer schweren oder gar tödlichen Erkrankung. Vergiftungsgefahren bestehen auch immer dann, wenn Pferdebesitzer ihren Pferden selbst gepflückte Blumen, Gräser oder Äste als Futterleckerei anbieten, deren Inhaltsstoffe ihnen nicht bekannt sind.

Nebenstehend sind jene Pflanzen aufgelistet, deren giftige Wirkstoffe innerhalb weniger Stunden zum Tod oder zu schweren Vergiftungen eines Pferdes führen.

Buchsbaum (Foto: Prohn)

Eibe (Taxus baccata) (Foto: Prohn)

Roter Fingerhut (Digitalis purpurea) (Foto: Prohn)

Liguster (Ligustrum vulgare) (Foto: Prohn)

Oleander (Nerium oleander) (Foto: Reinhardt)

Ginster, Besenginster (Cytisus scoparius) (Foto: Prohn)

Efeu (Hedera helix) (Foto: Prohn)

Jakobskreuzkraut (Senecio jacobaea) (Foto: Reinhardt)

Farne (Pteridium aquilinium, Dryopteris filix-mas) (Foto: Prohn)

Lebensbaum, Thuja, Zypresse (Thuja occidentalis) (Foto: Prohn)

Bei so großen Wunden ist ein Aufgehen eines Teils der Wundnaht während des Heilungsprozesses häufig. Tägliche Wundreinigung ist Bedingung! (Foto: JBTierfoto)

Verletzungen

Spezielle Verletzungen des Auges, der Zunge und des Hufs werden in den entsprechenden Kapiteln behandelt. Bei allen Verletzungen sollte der Tetanusschutz überprüft werden.

Schürfwunden

Id: Oberflächliche Wunden mit geringen Blutungen.

Sy: Abschürfungen, Verlust von Haaren und oberster Hautschicht, wenig Blut oder entzündliches Exsudat, kein Auseinanderklaffen der Wundränder.

Rk: Reinigung der Wunde mit fließendem Wasser, abtupfen und eine Heilsalbe auftragen. Arnika kann unterstützend gegeben werden. Das Hinzuziehen eines Tierarztes ist meist nicht erforderlich.

Schnitt- und Risswunden

Id: Wunden, bei denen die Haut vollständig durchtrennt ist.

Sy: Auseinanderklaffende Wundränder und Blutungen.

Rk: Die Wunde mit fließendem Wasser reinigen, wenn sie nicht so tief ist, dass man fürchten muss, Schmutz tiefer hineinzuspülen. Kleine Wunden, deren Ausmaß sicher abzuschätzen ist, können mit einer Wundsalbe und einem Verband abgedeckt werden. Alle Wunden, deren Ausmaß nicht sicher einschätzbar ist und die eventuell genäht werden müssen, sollen nicht mit Salben oder Sprays behandelt werden. Das verschlechtert später die Versorgungsmöglichkeit und verzögert die Heilung. Bis zum Eintreffen des Tierarztes können solche Wunden durch einen Verband feucht gehalten werden.

A: Wird eine Wunde genäht oder geklammert, kann ein Verband darüber zusätzlich notwendig sein. Die Fäden oder Klammern sollten nach zehn bis 14 Tagen gezogen werden.

Stichwunden

Id: Tiefe Wunden mit kleiner Hautverletzung.

Sy: Die Verletzung der Haut ist oft minimal. Es tritt in aller Regel blutiges Wundsekret aus. Ist das Wundsekret schaumig oder gelb und fadenziehend, so ist eine synoviale Struktur verletzt, dann handelt es sich um einen Notfall! Bei übersehenen Stichverletzungen

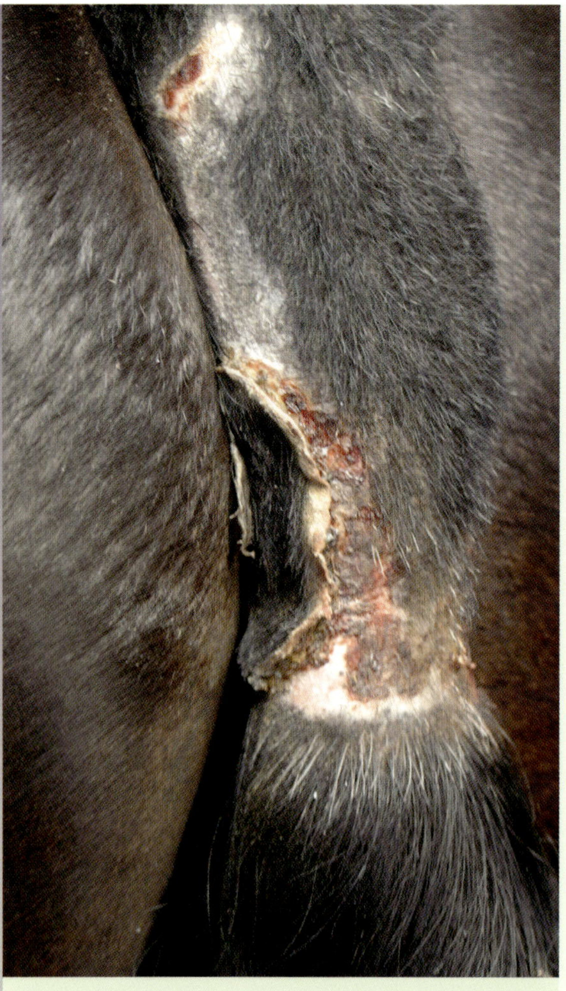

Diese Verletzung bedarf unbedingt einer gewissenhaften Pflege. (Foto: Tierfotoagentur.de)

schwillt das Bein an und das Pferd geht lahm. Häufig entwickelt es auch Fieber.

Rk: Stichverletzungen sollen vom Tierarzt versorgt werden, oft ist eine Versorgung mit Antibiotika notwendig. Kühlung und Arnika und Apis unterstützen den Heilungsverlauf.

Alle Wunden heilen besser, wenn sie frühzeitig untersucht und versorgt werden. Schon bei kleinen Wunden kann eine Heilung erschwert werden, wenn die gute Erstversorgung fehlt. Wunden bei Ponys heilen besser als bei Pferden und auch nach den betroffenen Körperregionen unterscheidet sich die Qualität der Wundheilung. Wunden am Körper heilen in aller Regel besser als an den Beinen, hier werden Narben im Verhältnis zur Wundgröße auch kleiner. Arnika (auch Bergwohlverleih genannt) unterstützt bei allen Verletzungen und hilft, Schmerz zu lindern. Arnika kann mit allen Therapien kombiniert werden. Ruhigstellung ist zu Beginn zu empfehlen, da sie den Heilungsverlauf fördert und die Bildung von wildem Fleisch reduziert. Später tut dem erkrankten Tier Bewegung allerdings gut und fördert die Durchblutung.

▸▸ Komplizierte Wunden

Id: Komplizierte Wunden schließen mehrere Gewebsschichten mit ein.

Sy: Bei Rissen in der Muskulatur bluten die Wunden sehr stark. Bei Verletzungen von Gelenken, Schleimbeuteln oder Sehnenscheiden tritt oft gelbes, schaumiges oder fadenziehendes Sekret aus der Wunde aus.

Rk: Komplizierte Wunden müssen unter Sedation oder Narkose tierärztlich versorgt werden. Absterbendes oder totes Gewebe und möglichst alle Teile etwaiger Fremdkörper werden chirurgisch entfernt. Tiefe Muskelschichten werden genäht und die Haut darüber durch Naht und befestigende Einzelhefte möglichst in ihre natürliche Position gebracht. Versorgt sieht so eine Wunde auch gar nicht mehr ganz so bedrohlich aus und die Heilung erfolgt schneller und besser. Eröffnete Gelenke, Schleimbeutel oder

Sehnenscheiden können zu lebensbedrohlichen Infektionen und starken Lahmheiten führen. Sorgfältige Untersuchungen, Spülungen und antibiotische Versorgung sind immer sehr zeitnah notwendig.

▸▸ Sequester

Id: Trennen sich bei einer Verletzung Knochenhaut und Knochen, so kann es zur Bildung von sogenannten Sequestern, nicht lebenden und mit dem Hauptknochen nicht verbundenen Knochenscheibchen kommen.

Sy: Vor allem wenn Wunden schlecht und verzögert heilen oder in der Wunde freiliegender Knochen zu sehen war, sollte an Sequester gedacht werden. Den Verdacht bestätigt ein Röntgenbild einige Wochen nach der Verletzung.

Rk: So ein Sequester muss in Narkose chirurgisch entfernt werden. Die Einhaltung einer Heilungszeit unter Ruhe und Antibiose ist wichtig.

▸▸ Blutergüsse oder Hämatome

Id: Ansammlung von freiem Blut unter der (heilen) Haut.

Sy: Schwellung, die zuerst flüssig erscheint (wie ein wassergefüllter Luftballon) und dann teigig ist. Der Fingerdrucktest hilft Beulen am Pferd zu unterscheiden: Entzündungen und Abzesse lassen sich praktisch nicht eindrücken und tun häufig weh, wenn man es versucht. Blutergüsse lassen sich eindrücken und nach Wegnehmen des Fingers verschwindet die Delle sofort. Ödeme (siehe auch im Herzkapitel) lassen sich eindrücken und nach dem Wegnehmen des Fingers bleibt die Delle noch eine Weile erhalten.

Rk: Blutergüsse organisieren sich selber oder können, wenn sie älter als acht Tage sind, punktiert werden. Es ist auch möglich eine Drainage zu legen. Meist heilen Blutergüsse ohne Folgen ab. Selten kommt es zu Narben, an denen die Haut wie eine Platte fest mit dem darunter liegenden Gewebe verbunden ist.

▸▸ Quetschungen

Id: Blutungen oder Gewebezerstörungen unter der heil gebliebenen Haut werden als Quetschungen bezeichnet.
Sy: Bei geringen Quetschungen ist kaum ein Symptom zu beobachten, da geringe Schwellung oder Rötung bei pigmentierter behaarter Haut nicht auffallen. Größere Quetschungen gehen mit schmerzhaften Schwellungen einher.

Rk: Quetschungen heilen von allein ohne Narbenbildung. Kühlen kann sinnvoll sein.

▸▸ Prellungen

Id: Quetschungen mit Hautverletzungen werden als Prellungen bezeichnet.

Sy: Pferde, die festliegen oder sich bei einer Kolik vehement wälzen, bekommen leicht Prellungen am Kopf, vor allem in der Region um die Augen.

Rk: Kühlen und eventuell antibiotische Versorgung sind sinnvoll.

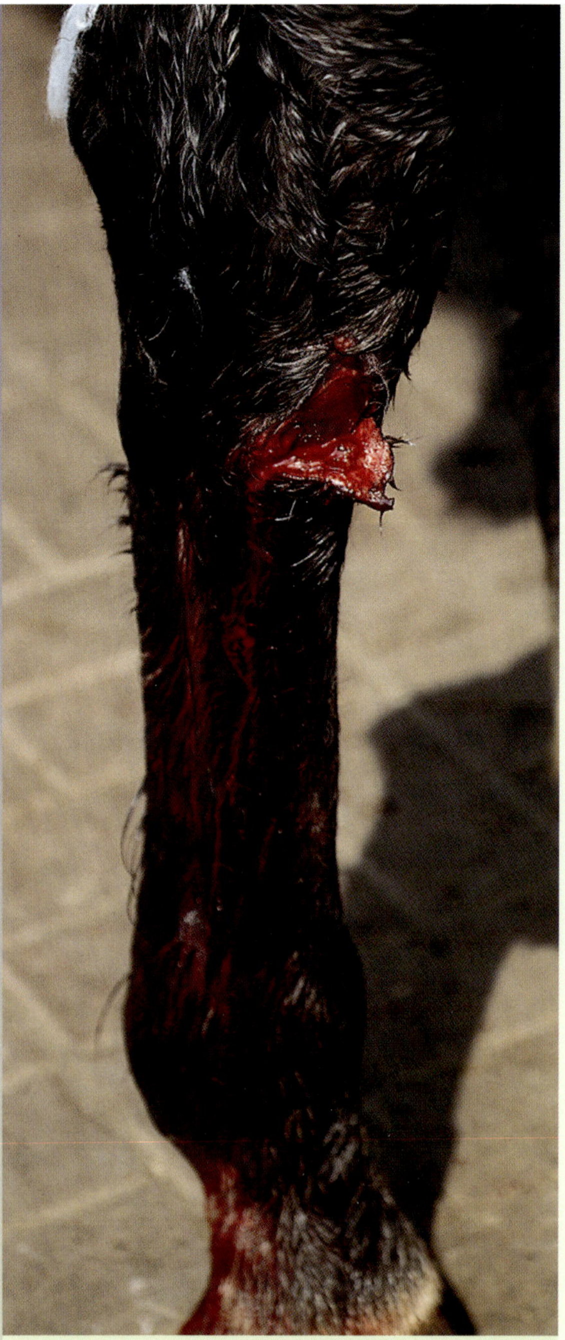

Diese tiefe Wunde in der Nähe des Gelenks muss auf jeden Fall tierärztlich versorgt werden. (Foto: Dr. Ende)

▸▸ Wildes Fleisch

Id: Überschießende Bildung von Granulationsgewebe auf Wunden ist für Pferde sehr typisch, keine andere Tierart neigt derartig zur Bildung von wildem Fleisch wie das Pferd. Vor allem bei Großpferden und bei Verletzungen an den Beinen kommt es zu dieser überschießenden Bildung von Granulationsgewebe.

Sy: Sehr viel Gewebe, im Prinzip neugebildete geknäulte Blutgefäße, bildet sich gerne auf langsam und schlecht heilenden Wunden. Die Oberfläche ist rosa und hat eine blumenkohlartige Struktur.

Rk: Der überschießenden Bildung von Granulationsgewebe muss unbedingt rechtzeitig und umfassend entgegengewirkt werden. Sehr entscheidend ist das Milieu, in dem eine Wunde heilt. Druckverbände und der Einsatz ätzender Substanzen sind frühzeitig sinnvoll. Höllenstein, Lotagen und gebrannter Alaun werden je nach Lokalisation der Wunde und Ausmaß der Bildung von wildem Fleisch einzeln oder in Kombination eingesetzt. Auf diesem Weg unbeherrschbare Zubildungen müssen chirurgisch entfernt werden. Achtung: Der Einsatz von Wasserstoffperoxid zur Wundreinigung kann die Bildung von Granulationsgewebe fördern. Wenn Wasserstoffperoxid sinnvoll eingesetzt wird, sollte im Anschluss immer mit steriler Kochsalzlösung gespült werden.

Pferde neigen, sehr viel stärker als Menschen und andere Tiere zur Bildung von wildem Fleisch. Dort, wo eben noch eine Wunde war, entsteht schnell ein die Wundoberfläche deutlich überragendes meist hellrotes Gebilde mit einer blumenkohlartigen Oberfläche. Dadurch kann die Haut über der Wunde nicht mehr heilen. Das Granulationsgewebe ist nicht mit Nerven versorgt und tut nicht weh. Es muss aber in jedem Fall abgetragen, weggeäzt oder zurückgedrängt werden. Häufig ist die tägliche Behandlung erforderlich. Ob es sinnvoll ist die Bewegung des Pferdes zu begrenzen muss im Einzelfall entschieden werden. Bei Wunden aus denen synoviale Flüssigkeit austritt kann die Behandlung durch Ätzen kontraindiziert sein.

Wundheilung

Wundheilung verläuft in drei aufeinanderfolgenden, nicht trennbaren Schritten. Zuerst gibt es immer eine Entzündungsreaktion. In dieser Phase bildet sich ein Blutgerinnsel (Schorf), das zum Ersten der Blutstillung dient, zum Zweiten ein Gerüst für alle nachfolgenden Vorgänge baut und zum Dritten durch die Einwanderung von Immunzellen für die Reinigung der Wunde ermöglicht. Während dieser Vorgänge beginnt bereits die Reparaturphase. Die Bildung von Granulationsgewebe fängt etwa drei Tage nach der Verletzung. Die Reifungsphase gilt als dritte und letzte Phase der Wundheilung. In dieser Phase bildet sich neue „Haut", die sich mit der Zeit zu einer belastbaren Narbe zusammenzieht.

Wundheilung kann primär oder sekundär erfolgen. Von primärer Wundheilung spricht man zum Beispiel bei einer frisch vernähten sauberen Schnittwunde. Solche Wunden heilen schnell, mit kleiner Narbenbildung und in der Regel ohne Komplikationen. Weitaus häufiger müssen Wunden beim Pferd sekundär heilen. Das geht langsamer, die Narben sind weniger schön und größer und die Komplikationen sind häufiger.

Wenn Wundnähte erforderlich sind

Sollen Wunden chirurgisch verschlossen werden, so sind verschiedene Materialien im Einsatz. Fäden aus sehr unterschiedlichem natürlichem oder synthetischem Material in unterschiedlichen Stärken können verwendet werden. Nahtmaterial kann selbstauflösend (resorbierbar) oder zum späteren Fäden ziehen (Fadenziehmesser sind geeigneter als Scheren) verwendet werden.

Bei Hautwunden ohne erhebliche Spannungen werden zusätzlich oder einzeln auch sterile Klammern verwendet (Tackergeräte erinnern an Messebau, sind aber praktisch, sauber und sehr gut zu handhaben). Klammern müssen mit einer speziellen Zange gezogen werden.

Nähte können als einzelne Hefte oder fortlaufend gelegt werden. Einbau von Decknähten, Tupfern und Drainagen ist möglich.

Betäubungen eines einzelnen Gelenks beweisen im positiven Fall die Lokalisation der Lahmheitsursache. Das Bild zeigt die Injektion ins Hufgelenk. (Foto: JBTierfoto)

Lahmheiten

Lahmheiten gehören zu den häufigsten Erkrankungen bei Pferden. Der Rahmen dieses Buches erlaubt nur eine stichwortartige Vorstellung der häufigsten Lahmheitsursachen.

Betrachtet man ein lahmes Pferd, kann man in der Ruhe Entlastung, im Schritt und Trab Entlastung, Veränderungen beim Auffußen und Veränderungen beim Vorführen bemerken. Oft verursachen Lahmheiten in den unteren Gliedmaßenabschnitten eher Veränderungen beim Auffußen. Man nennt das Stützbeinlahmheit, das lahme Bein wird kürzer, das gesunde länger und stärker belastet. Das Pferd nickt auf das gesunde Bein. So eine Stützbeinlahmheit wird meist im Bogen schlimmer, wenn das lahme Bein innen ist. In aller Regel sind Lahmheiten aus dem Huf und aus Gelenken auf festem Boden deutlicher als auf weichem. Lahmheiten aus Sehnen und Bändern sind oft in tiefem Boden besser erkennbar.

Offene Gelenkverletzungen und Frakturen sind zum Glück seltene Notfälle, die immer das sofortige Hinzuziehen eines Tierarztes erfordern. Lahmheit tritt hoch akut unmittelbar nach dem Trauma auf und das Pferd sollte gar nicht mehr bewegt werden.

Eine Fraktur ist ein seltener Notfall, bei dem das Pferd auf gar keinen Fall bewegt werden darf. (Foto: Slawik)

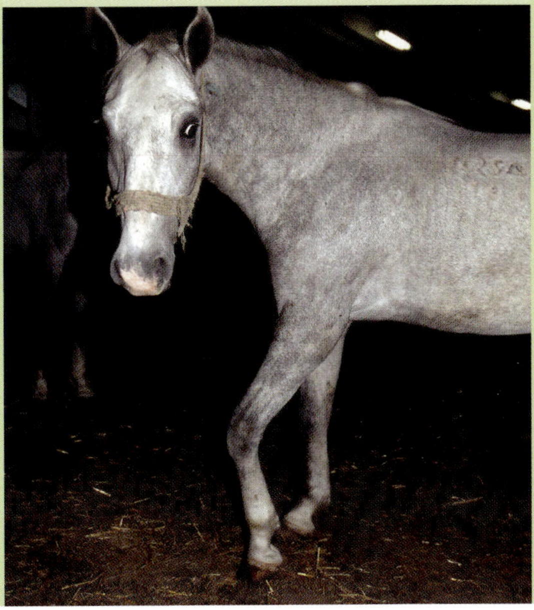

Einige Frakturen sind heute heilbar; nach der Diagnosestellung durch Röntgen muss erwogen werden, ob und mit welchen Chancen eine Therapie durchzuführen ist. Gedeckte Griffelbeinfrakturen können ohne Lahmheit auftreten.

Lahmheiten aus dem Huf

Lahmheiten, deren Ursache im Bereich der Hornkapsel und der Huflederhaut liegen, sind häufig stark und treten plötzlich auf.

Bei hochgradigen Lahmheiten, deren Ursache im Huf liegt, kann an dieser Stelle auch von Laien die verstärkte Pulsation gut gefühlt werden. (Foto: JBTierfoto)

Verletzungen

Id: Durch den plötzlichen und schnellen Zusammenstoß mit festen Gegenständen kann es zu einem regelrechten Riss in der Hornwand kommen. So etwas passiert bei seitlichem Treten gegen im Boden verborgene Steine ebenso wie beim Schlagen gegen Wände oder ein Hindernis.

Sy: Die Lahmheit ist sofort stark und wird schnell hochgradig. Das Bein wird nicht freiwillig belastet. Der Huf wird warm und die Mittelfußarterie pulsiert deutlich. Der Riss in der Hornwand ist meist tastbar, eventuell fällt eine Verschieblichkeit auf. Geht die Verletzung durch alle Hornschichten, tritt Blut aus.

Rk: Eine Röntgenuntersuchung des Hufbeins ist immer erforderlich. Verbände, entzündungshemmende Medikamente und Antibiotika sind in den ersten Tagen unverzichtbar. Gute Zusammenarbeit mit dem Schmied ist wichtig, um den verletzten Bereich zu entlasten und den entstehenden Druck zu verringern.

Nageltritte

Id: Alle Verletzungen der Hufsohle mit Fremdkörpern verhalten sich ähnlich. Verletzungen mit Nägeln sind am häufigsten, aber auch Schrauben oder Glasscherben können die Sohle verletzen.

Sy: Die Lahmheit ist deutlich, die Pulsation gut fühlbar und ein Stück des Fremdkörpers ist tastbar.

Rk: Frühzeitiges Erkennen ist das Allerwichtigste für den Heilungserfolg. Einmal tägliches Kontrollieren der Hufsohle bei allen Pferden ist angeraten. Fremdkörper dürfen nicht spontan entfernt werden. Es ist wichtig, Eindringrichtung und Tiefe festzustellen. Bei Fremdkörpern unbekannter Größe (Nägel, von denen nur der Kopf zu sehen ist) kann es sinnvoll sein, vor der Entfernung zwei Röntgenbilder (der Huf ist dreidimensional, die Beurteilung benötigt Bilder in zwei Ebenen) machen zu lassen. Ist der Nagel gezogen und der Stichkanal zugeschwollen, kann nicht mehr sicher festgestellt werden, welche Strukturen verletzt waren. Das Eintreffen des Tierarztes muss mit angehobenem Huf oder in einem Polsterverband abgewartet werden. Je nachdem, was alles verletzt ist, reichen die Reaktionen von Verbänden über systemische Antibiose bis zu einer Operation. So eine Verletzung erfordert zwingend das Überprüfen des Tetanusschutzes. Homöopathisch unterstützen Arnika und Apis.

Abdrücken mit der Hufuntersuchungszange gibt Aufschluss über den genauen Sitz der Ursache. (Foto: JBTierfoto)

Vernagelung

Id: Die direkte und die indirekte Vernagelung entstehen beim Beschlag. Bei der direkten Vernagelung gerät der Nagel unmittelbar in lebende Bereiche des Hufs. Dies wird in aller Regel unmittelbar beim Beschlagen bemerkt und berichtigt. Die indirekte Vernagelung beschreibt das Entstehen einer Quetschung im Lederhautbereich durch einen nicht optimal sitzenden Nagel bei der Bewegung. Die entstehende Lahmheit tritt meist drei bis vier Tage nach dem Beschlag auf.

Sy: Beim Abdrücken mit einer Hufuntersuchungszange zeigt das Pferd über dem betroffenen Nagel eine deutliche Schmerzreaktion. Der Huf wird warm und die Mittelfußarterie pulsiert.

Rk: Der drückende Nagel wird entfernt, häufig kann der Beschlag erhalten bleiben. In einigen Fällen hilft ein Angussverband um den Huf, die Symptome schneller abklingen zu lassen. Homöopathisch unterstützen Arnika und Apis. Das Pferd wird in den ersten Tagen besser auf weichem Boden bewegt. In einzelnen Fällen entsteht infolge einer Vernagelung eine Huflederhautentzündung (siehe dort).

Wenn der Schmied schuld ist – das ist er durchaus nicht immer; an unartigen Pferden, bei schlechter Beleuchtung, unebenem Boden und schlechtem Pflegezustand der Hufe hat er vielleicht so gut gearbeitet, wie es irgend ging –, ist das eine Tatsache und kein Grund für Streit, böse Worte und üble Nachrede. Schmiede sind haftpflichtversichert und in aller Regel kann man ganz gut mit ihnen reden.

Hornsäule

Id: Eine Hornsäule entsteht als säulenförmige Veränderung im Bereich der weißen Linie. Auslöser ist oft eine Saumbandverletzung. Eine Hornsäule kann zu einer Stützbeinlahmheit führen.

Sy: Hornsäulen sind zum Teil von außen als Vorwölbung der Wand fühlbar. Im Bereich der Hornsäule ist die weiße Linie sichtbar verbreitert. Bei längerem Bestehen einer Hornsäule kann durch den Druck darunter eine Lederhautentzündung entstehen oder auch eine röntgenologisch darstellbare Einkerbung des Hufbeins.

Rk: Oft genügt es, den entsprechenden Wandabschnitt durch gute Hufzubereitung zu entlasten. Bei anhaltender Lahmheit oder wiederkehrenden Lederhautentzündungen kann so eine Hornsäule auch ausgefräst oder wegoperiert werden. Fragen Sie dazu immer Schmied und Tierarzt. Hornsäulen sind hartnäckig und können auch wiederkommen.

Hornkluft

Die Hornkluft ist eine Zusammenhangstrennung der Hornwand parallel zum Kronrand. Sie entsteht nach Saumbandverletzungen oder Hufgeschwüren. In aller Regel wächst so eine Hornkluft ohne Komplikationen nach unten heraus.

Hornspalt

Hornspalten beschreiben die Zusammenhangstrennung des Hornes in der Wachstumsrichtung der Hornröhrchen. Hornspalten können vom Kronrand bis zum Tragrand reichen oder nur einzelne Abschnitte betreffen. In der Tiefe können sie oberflächlich bis durchdringend sein. Die Behandlung vor allem bei durchgehenden tiefen Hornspalten ist schwierig. Regelmäßige zielgerichtete Hufbearbeitung, Pflege und Zufütterung von geeigneten Futterzusätzen sind wichtig. Die Impfung mit Insol Dermatophyton kann die Neigung zu Hornspalten verringern.

So sieht eine Hornkluft in horizontaler Richtung des Hufes aus. (Foto: Dr. Ende)

Hier hat der Hornspalt den gesamten Huf durchdrungen. Dies bedarf einer aufwändigen und schwierigen Behandlung. (Foto: Dr. Ende)

Lose Wand

Bei der losen Wand handelt es sich um eine Zusammenhangstrennung des Wandhornes. Der Defekt liegt im Bereich der weißen Linie und kommt gern nach einer Hufrehe vor. Häufig gehen betroffene Pferde nicht lahm. Die Wand kann beim Abklopfen hohl klingen. Wichtig ist, dass sich nicht permanent Schmutz in den Hohlraum schiebt, da die Veränderung dann nicht abheilen kann. In einigen Fällen kann das Abtragen von Teilen der Hornwand sinnvoll sein.

Lederhautentzündung

Lederhautentzündungen können infektiös oder auch aseptisch sein. Eine besondere Form der aseptischen Lederhautentzündung entsteht bei der Hufrehe (siehe Seite 65).

Id: Die aseptische Lederhautentzündung entsteht durch ein stumpfes Trauma, ähnlich einer Prellung. Häufig ist die Huflederhaut gequetscht.

Sy: Betroffene Pferde entlasten die Gliedmaße im Stand und gehen oft deutlich lahm. Die Pulsation der Mittelfußarterie ist verstärkt und der Huf ist warm. Die Probe mit der Hufzange ist positiv.

Rk: So eine aseptische Lederhautentzündung heilt oft innerhalb weniger Tage unter feuchten Verbänden ab. Sie wird nicht schlechter; das ist das wichtigste Kriterium, um sie von Hufgeschwüren zu unterscheiden. Unterstützend können Arnika und Hepar sulfuris gegeben werden. Ist die Diagnose sicher, kann auch ein Schmerzmittel sinnvoll sein (entstehende Hufgeschwüre werden dadurch allerdings oft verzögert). Als Folge dieser Erkrankung kann eine Steingalle entstehen. Sie bezeichnet die alternde Blutansammlung in ehemals mürbem Horn an der Stelle der Quetschung. So eine verfärbte härtere Stelle wird meist später eher zufällig beim Ausschneiden gefunden. Ist eine Steingalle durch den von hier möglicherweise ausgehenden Druck lahmheitsverursachend, so findet man sie bei der Untersuchung mit der Hufzange.

Id: Die infektiöse Lederhautentzündung entsteht durch das Eindringen von Erregern in das Hufhorn. Dazu braucht es immer eine Eintrittspforte oder einen Kanal. Je nachdem, wie tief und was für Keime eingedrungen sind, kann diese Erkrankung unterschiedlich gravierende Folgen haben.

Gezieltes Nachschneiden kann ein sogenanntes Hufgeschwür eröffnen. (Foto: JBTierfoto)

Sy: In allen Fällen ist der Huf warm, schmerzhaft (Zangenuntersuchung), und die Mittelfußarterie pulsiert. Das Pferd ist deutlich lahm. Häufig schwellen Fesselbeuge, Fessel und auch der Röhrbeinbereich an (der Huf kann ja nicht dick werden). Umgangssprachlich wird diese Erkrankung als Hufgeschwür oder Hufabszess bezeichnet, beides ist medizinisch nicht ganz richtig. Ein einfaches Hufgeschwür öffnet sich nach zwei bis drei Tagen. Feuchte Verbände und Verbände mit Sauerkraut oder Leinsamen können den Verlauf verbessern. Apis, Silicea und Hepar sulfuris können helfen. Ist der Sitz des Hufgeschwürs in der Zangenuntersuchung eindeutig feststellbar, kann hier durch Nachschneiden geöffnet werden. Bei Erfolg fließt graue, stark riechende Flüssigkeit ab und die Lahmheit wird bald deutlich besser. Fließt beim Nachschneiden Blut, sollte unbedingt im Anschluss ein Schutzverband angelegt werden.

Tiefe eitrige Lederhautentzündungen gehen häufig nicht von allein auf und müssen immer aufgeschnitten werden, da sie sich andernfalls durch Gewebseinschmelzung nach innen ausdehnen. Der abfließende Eiter ist gelblich und stinkt.

▸▸ Strahlfäule

Id: Bei der Strahlfäule handelt es sich um eine faulige Zersetzung des Horns im Bereich des Strahls. Das kann tiefe Schichten erreichen und zu Lahmheit führen. Feuchte, harn- und kotdurchsetzte Einstreu, mangelnde Pflege, unzureichende Luftzufuhr (geschlossene Polsterbeschläge), eingeschränkter Hufmechanismus und Bewegungsmangel verstärken die Erkrankung.

Sy: Das Horn im Bereich des Strahls ist weich, furchig und von fauligem Geruch. Bei längerem Bestehen einer Strahlfäule kann eine chronische Entzündung der Saumlederhaut entstehen. In der Folge dieser Saumlederhautentzündung verändert sich die Hornproduktion und am Huf entstehen erhabene, schräg nach vorn verlaufende Linien. Als Folge lang anhaltender Strahlfäule wird der Huf enger.

Rk: Alle veränderten Bereiche werden möglichst vollständig vom Schmied entfernt. Die Unterbringung und Bewegung des Pferdes müssen überprüft und gegebenenfalls verbessert werden. Spezielle Strahlpflegeprodukte gibt es beim Schmied und beim Tierarzt. Bei tiefer mittlerer Strahlfurche kann das tägliche Hineinstopfen von Watte sinnvoll sein, da durch den Druck die Durchblutung und das Hornwachstum verbessert werden. Sehr gut eignen sich Abschminkpads, die mit dem Hufkratzer in die Strahlfurche gedrückt werden.

▸▸ Hufkrebs

Id: Die Bezeichnung ist irreführend, es handelt sich nicht um einen Tumor, sondern um eine Verhornungsstörung. Im betroffenen Bereich des Hufs wird viel qualitativ minderwertiges, unzureichend verhornendes Material gebildet.

Sy: Es entstehen schmierige Auflagerungen mit käsigem Geruch, bei deren Nachschneiden oder Auskratzen es schnell blutet. Zu Beginn der Erkrankung sind die Pferde nicht lahm.

Rk: Beherztes Entfernen allen schlechten Horns (häufig nur unter Betäubung möglich) und langfristige Pflegemaßnahmen sind notwendig. Erfolgreiche Behandlungen sind oft radikal (Dampfstrahler, ätzende Pulver, medizinische Bäder) und dauern lange.

A: Die Erfolgsaussichten sind leider oft nicht gut. Unter Umständen kann ein Stillstand in schmerzfreiem Zustand erreicht werden.

Hufrehe

Id: Die Hufrehe ist eine akute Allgemeinerkrankung, die mit einer in aller Regel sehr schmerzhaften Entzündung der Huflederhaut einhergeht. Auslöser sind die Aufnahme von zu viel leicht verdaulichen Kohlenhydraten, Vergiftungen, Überbelastungen oder Infektionen. Bei Stuten, die im Rahmen der Geburts- und Nachgeburtsphase Komplikationen erleben, kann es ebenfalls zu einer Hufrehe kommen.

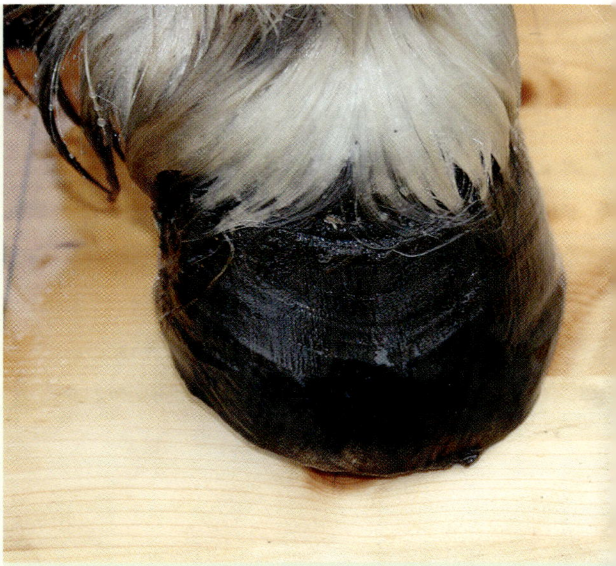

Dieser Rehehuf eines Shettys wurde in einer Pferdeklinik so bearbeitet, dass ein entlastender Stand und ein gutes Abrollen möglich ist. Eine solche Hufbearbeitung muss immer durch einen erfahrenen Fachmann ausgeführt werden. (Foto: Fritschy)

Bei Hufrehe muss eng mit dem Schmied zusammengearbeitet werden. Dieses Pferd wurde mit unbehandelter Hufrehe stark vernachlässigt und hat mit Sicherheit große Schmerzen, etwas, was man leider nur noch als Tierqälerei bezeichnen kann. (Foto: Dr. Ende)

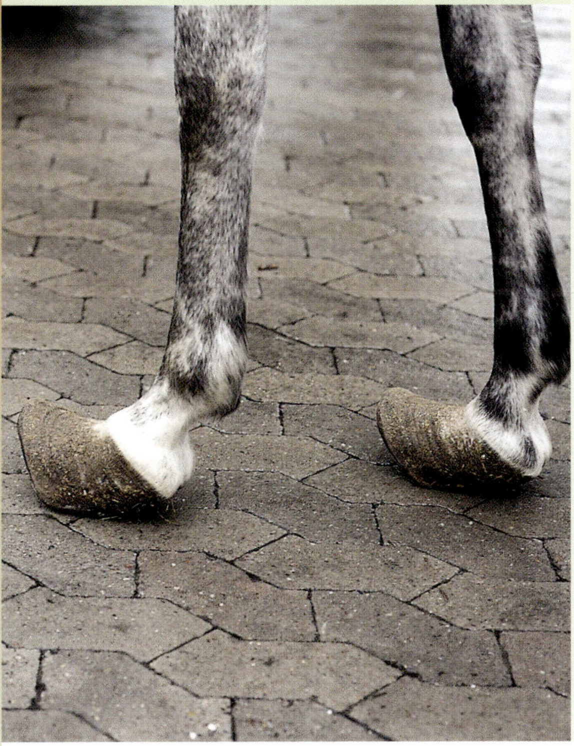

Sy: Die betroffenen Hufe sind warm und die Mittelfußarterie pulsiert deutlich. Das Aufheben des gegenüberliegenden Beines wird verweigert. Bewegung ist stumpf, schmerzhaft oder unmöglich. Typisch ist ein pantoffelnder Gang, bei dem die Trachten zuerst aufgesetzt werden, und die Entlastungshaltung mit nach vorn gestellten Vorderbeinen. Es besteht Lahmheit und Wendeschmerz. Die Zangenuntersuchung ist positiv. Im Verlauf der Erkrankung kann die Lageveränderung des Hufbeins röntgenologisch dargestellt werden. Bei deutlicher Lageveränderung sackt der Kronrand vorn ein und die Hufsohle wölbt sich.

Rk: Eine Hufrehe ist immer ein Notfall. Dem Abstellen der Ursache folgt die intensive Behandlung mit Verbänden, Gipsen, Kühlung und im Bedarfsfall Medikamenten. Eine Diät ist fast immer erforderlich. Schmerzmittel sollen vermieden oder möglichst niedrig dosiert werden. Phytotherapeutika (Brennnessel, Gingko), Homöopathika und Akupunktur sind ergänzend sehr sinnvoll. Das Ansetzen von Blutegeln am Kronrand kann Erleichterung bringen.

A: Je nach Krankheitsverlauf und Lageveränderung des Hufbeines ist bei frühem Eingreifen eine vollständige Wiederherstellung möglich. Die Empfindlichkeit für Hufreheerkrankungen steigt allerdings mit jedem Schub. Bei chronischem Verlauf ändert sich die Hufform, typische divergierende Linien an der Hornwand und eine Verbreiterung der weißen Linie resultieren. Pferde mit derartigen Veränderungen haben einen eingeschränkten Hufmechanismus.

Hufrollenerkrankung

Id: Es handelt sich um eine chronische und degenerative Erkrankung von Strahlbein, tiefer Beugesehne und Hufrollenschleimbeutel.

Sy: Da häufig beide Vorderbeine parallel erkranken, entsteht zunächst keine Lahmheit. Stumpfer klammer Gang und Stolpern können Hinweise sein. Brett- und Keilprobe sind positiv. Bei diagnostischen Anästhesien springt die Lahmheit oft auf das andere Bein um. Röntgenologisch können Veränderungen im Bereich des Strahlbeines nachgewiesen werden. Nach Lage, Länge und Form der veränderten Gefäßkanälchen des Strahlbeines ist die Schwere der Erkrankung einteilbar.

Rk: Eine Heilung ist in aller Regel nicht erreichbar und auch nicht angestrebt. Die funktionelle Wiederherstellung und Schmerzfreiheit sind das primäre

Zum Röntgen des Strahlbeins im Rahmen einer Hufrollenbeurteilung kann das Pferd auf die Röntgenplatte gestellt werden. (Foto: JBTierfoto)

Ziel. Belastende Faktoren, wie zum Beispiel Springen, werden reduziert oder unterbleiben. Durch orthopädische Maßnahmen (Spezialbeschläge), Zusatzfutter und gezielte Bewegungstherapie ist eine Behandlung möglich. Alle alternativen Verfahren, die zu einer verbesserten Durchblutung der Zehe führen, sind sinnvoll. Operativ kann die Durchblutung durch eine Operation der Arterien verbessert werden. Ein Nervenschnitt unterbricht die Schmerzweiterleitung und ermöglicht so unbeeinträchtigtes Auffußen. Die Erkrankung selbst wird dadurch aber nicht besser und der Einsatz so operierter Pferde im Sport ist verboten.

A: Bei langsamem Verlauf, regelmäßiger Hufzubereitung und bedachtem Einsatz können Pferde mit dieser Erkrankung noch lange herumlaufen.

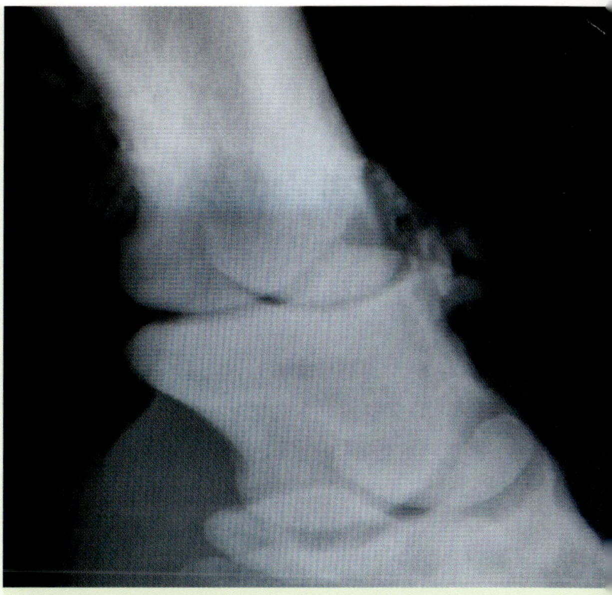

Diese schräge Röntgenaufnahme der Zehe zeigt deutliche Zubildungen um das Krongelenk. So eine Schale ist für das betroffene Pferd ein ziemlich schlechter Befund. (Foto: JBTierfoto)

Erkrankungen im Bereich der Krone

Krongelenkentzündungen

Sy: Es entstehen Krongelenkentzündungen, die meist akut sind, ähnlich einer Verstauchung bei uns schmerzhaft sind und zu mittel- bis hochgradiger Lahmheit führen.

Rk: Ruhe und eine entzündungshemmende Behandlung bringen meist raschen Erfolg.

Krongelenkschale

Id: Wiederholte Traumen am Krongelenk führen zu Zubildungen an der Vorderseite von Kronbein und Fesselbein. In der Folge kommt es zur Ausbildung einer Krongelenkschale.

Sy: Zu Beginn der Erkrankung gehen die Pferde kaum lahm. Die Zubildungen sind manchmal fühlbar. Nach einem Verkanten oder Vertreten ist die Lahmheit plötzlich als hochgradige Stützbeinlahmheit, die auf festem Boden verstärkt auftritt, erkennbar. Die Röntgenuntersuchung bestätigt den Verdacht.

Rk: Heilung ist nicht möglich. Jede Therapie zielt auf die kurzfristige Behandlung von Entzündung und Schmerz und den langfristigen Beweglichkeitserhalt. Gute Hufzubereitung und stoßbrechende Beschläge können helfen. Homöopathika (Kalcium fluoratum, Rhus tox., Kalium jodatum) und gelenkwirksame Futterzusätze unterstützen langfristig. Kaltbrand oder Nervenschnitt können in begründeten Einzelfällen die Schmerzausschaltung ermöglichen.

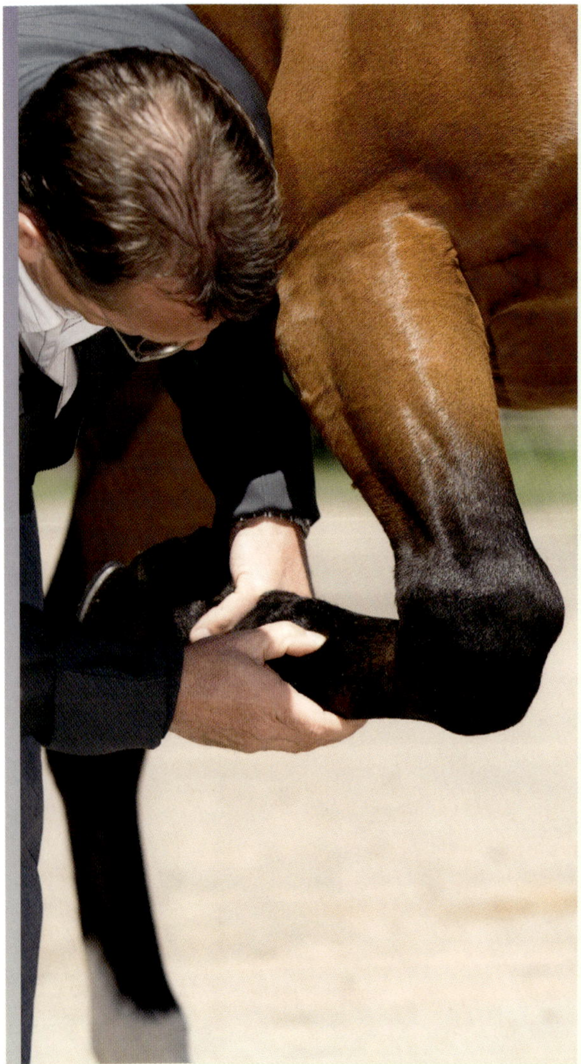

Sorgfältiges Abtasten der anatomischen Strukturen am aufgehobenen Bein gehört zur Untersuchung. (Foto: JBTierfoto)

Erkrankungen im Bereich der Fessel

Das Fesselgelenk hat eine starke Winkelung und weniger Bewegungsachsen als die unteren Zehengelenke. An der Gelenkrückseite befinden sich die Gleichbeine, Sesambeine, die mit neun straffen Bändern in ihrer Position befestigt sind.

Fesselgelenkentzündungen

Id: Durch Verstauchung, Verdrehen, Überlasten oder Ausrutschen entstehen akute, nicht infizierte Entzündungen des Fesselgelenks. Bei wiederholten oder anhaltenden Entzündungen entstehen chronische Fesselgelenkentzündungen.

Sy: Die akute Fesselgelenkentzündung geht mit deutlicher Lahmheit, vermehrter Füllung des Gelenks, Wärme und Schmerzhaftigkeit auch bei passiver Bewegung einher. Die chronische Fesselgelenkentzündung reagiert mit Lahmheit auf Belastung.

Rk: Die akute Fesselgelenkentzündung heilt unter Ruhe, feuchten Verbänden und Entzündungshemmern gut ab, die Lahmfreiheit ist oft innerhalb einer Woche erreicht, die Belastbarkeit allerdings oft erst nach mehreren Wochen. Die chronische Fesselgelenkentzündung kann in eine Fesselgelenkarthrose münden. Solche Schäden sind nicht mehr zu beheben, aber häufig zu beherrschen. Betroffene Pferde benötigen gleichmäßige ausreichende Bewegung und regelmäßige Hufkorrektur. Eventuell kann durch Anbringen von Keilen oder einer Sohle am Beschlag eine deutliche Entlastung des Gelenks erreicht werden. Gelenkwirksame Futterzusätze sind ebenso zu empfehlen wie Homöopathika.

Akute Schübe chronischer Erkrankungen werden wie akute Entzündungen behandelt.

Gleichbeinerkrankungen

Id: Die Gleichbeine sind Sesambeine, Knochen ohne eigene Knochenhaut. Es treten vor allem örtliche Knochenauflösungserscheinungen, Strukturveränderungen und Verknöcherungen der Gleichbeinbänder auf.

Sy: Die Lahmheit beginnt meist schleichend, oft sind auch beide Vorderbeine oder beide Hinterbeine betroffen, sodass Ungleichheit zunächst nicht auffällt. Die Pferde gehen kürzer, neigen zum Stolpern und können eine Stützbeinlahmheit entwickeln. Typisch ist die Besserung nach Ruhephasen und die Verschlechterung bei langer Zehe kurz vor dem nächsten Schmiedtermin.

Rk: Gleichbeinlahmheiten sind nicht heilbar. Durch Verbesserung der Durchblutung (auch chirurgisch) und Optimierung der Stellung kann der Verlauf aber verzögert werden.

A: Nach längeren Ruhephasen können die Pferde auch wieder volle Belastbarkeit erreichen.

Fesselringbandsyndrom

Id: Einschnürung der weichen Gewebe vor allem im hinteren Bereich der Fessel durch das absolut oder relativ verkürzte Ringband.

Sy: Sanduhrförmige Einschnürung, die man im Bereich des Fesselgelenks sehen und tasten kann. Vermehrte Füllung der Beugesehnenscheide oberhalb dieser Einschnürung. Es kommt zu Einschränkungen der Beweglichkeit und hartnäckiger Lahmheit, die bei Belastung meist schlechter wird.

Rk: Konservativ kann durch Hufzubereitung mit erhöhten Trachten, Friktionsmassagen und Entzündungshemmern Erfolg erzielt werden. Bei in

Provokationsproben durch Beugen mit anschließendem Vortraben dienen der Diagnosefindung. (Foto: JBTierfoto)

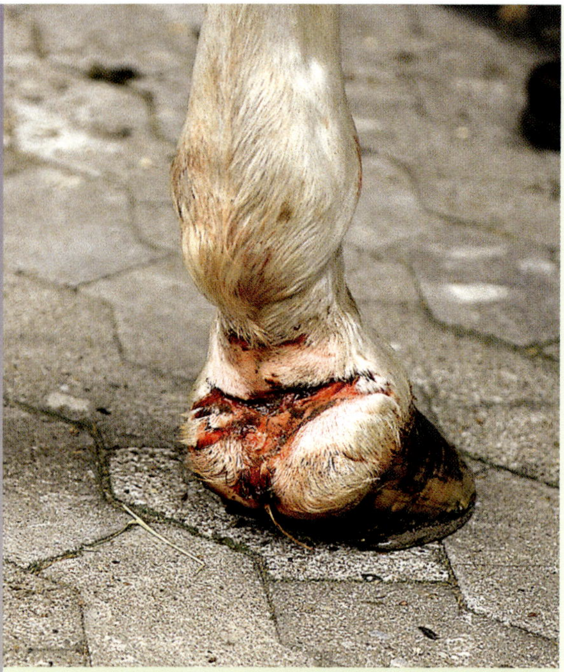

Fesselverletzungen wie diese können einen langwierigen Heilungsprozess haben. Sie bedürfen täglicher, sorgfältiger Behandlung. (Foto: Dr. Ende)

der Sonografie nachweisbaren Strukturveränderungen und dem Ausbleiben des Erfolgs einer konservativen Behandlung ist eine Operation notwendig.

A: Bei Beachtung einer regelmäßigen Hufkorrektur kann dauerhafte Besserung erreicht werden.

Erkrankungen im Bereich der Röhre

▸▸ Griffelbeinfrakturen

Id: Fraktur eines kleinen Mittelfußknochens.

Sy: Es entsteht eine Schwellung an der Frakturstelle und oft eine mittelgradige Stützbeinlahmheit.

Griffelbeinfrakturen können auch vorkommen, ohne dass das Pferd lahm ist. Durch schräge Röntgenaufnahmen können der Ort und die Art der Fraktur sicher festgestellt werden.

Rk: Nicht verschobene Griffelbeinfrakturen heilen unter Ruhe zum Teil komplikationslos von allein. Verschobene oder mehrfache Frakturen erfordern häufig das operative Entfernen eines Teils des Griffelbeins. Auch danach ist ausreichend lange Boxenruhe zwingend notwendig.

An diesem Knochenpräparat ist gut zu erkennen, dass sich im Bereich der Griffelbeinfraktur zusätzliche Knochensubstanz gebildet hat. (Foto: Dr. Ende)

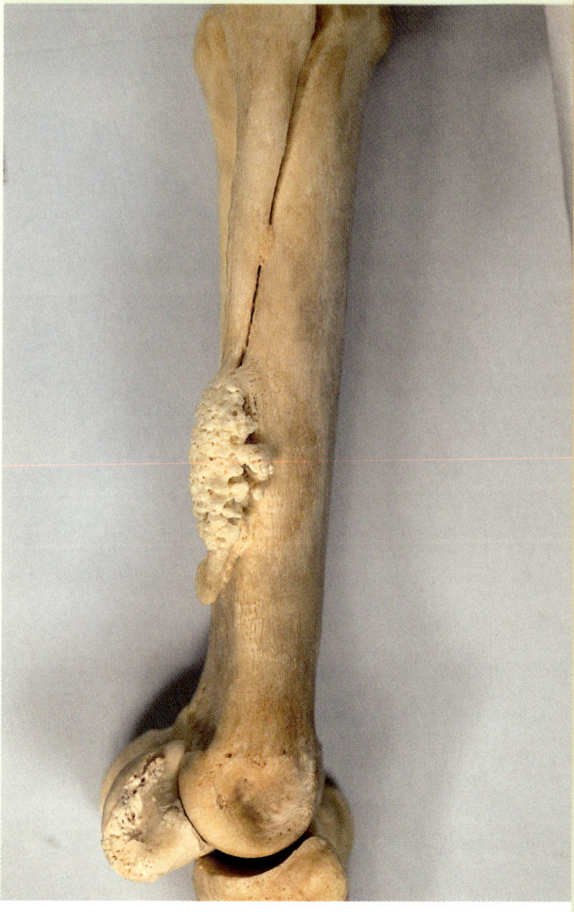

Überbeine

Id: Überbeine an der Röhre entstehen meist spontan durch die Überlastung der kleinen Bänder zwischen Griffelbein und Röhre. Bei jungen Pferden, die zu Arbeitsbeginn unter dem ungewohnten Reitergewicht etwas breitbeinig balancieren, befinden sich die Überbeine gerne innen an beiden Vorderbeinen. Überbeine können auch traumatisch etwa durch Schlag entstehen. Ein Zusammenhang zwischen Manganmangel und der Entstehung von Überbeinen wird diskutiert.

Sy: Flache Aufwölbungen seitlich an der Röhre, zu Beginn uneben und schmerzhaft, eventuell mit Lahmheit. Im Verlauf flacher werdend, zum Teil ganz verschwindend.

Rk: Ruhe halten. Das gut gepolsterte Daraufbandagieren eines in verdünntem Obstessig gebadeten Naturschwämmchens kann sehr guten Erfolg bringen. Die Fütterung sollte auf Mineralstoffmangel, das Arbeitspensum auf Überforderung überprüft werden.

Sehnenentzündungen

Id: Zerreißung einzelner Sehnenfasern führt zur Sehnenentzündung, die in der oberflächlichen Beugesehne, in der tiefen Beugesehne und im Unterstützungsband vorkommen können. Es handelt sich um Überlastungsschäden!

Sy: Lahmheit und deutliche warme Schwellung im betroffenen Bereich werden gefunden. Eine Ultraschalluntersuchung präzisiert das Ausmaß des Schadens.

Rk: Entzündungshemmer und abschwellende Verbände bringen zu Beginn deutliche Besserung. Direkte Injektionen an den Schaden verbessern den Heilungsverlauf. Homöopathische Komplexe (zum Beispiel Tendo viscum, Tendo allium) können zusätzlich eingesetzt werden. Sehnenschäden heilen nur vollständig mit ausreichend Ruhe. Ausreichend kann nach einem deutlichen Schaden einen Zeitraum von zwölf bis achtzehn Monaten bedeuten. Der Heilungsverlauf wird idealerweise von Ultraschalluntersuchungen überwacht.

Sehnenscheidenentzündungen

Id: Überlastung oder stumpfe Traumen führen zu einer vermehrten Füllung der Sehnenscheide.

Sy: Anfangs ähnlich der Sehnenentzündung. Eine Ultraschalluntersuchung schließt das Vorliegen eines Sehnendefekts aus.

Rk: Kühlende Verbände oder Einreibungen und eine systemische Entzündungshemmung führen schnell zu deutlicher Besserung.

Fesselträgerschäden

Id: Faserzerreißungen und Sklerosierungen führen zu Funktionseinschränkungen des Fesselträgers.

Sy: Meist zuerst undeutliche gemischte Lahmheiten, die auf Beugeproben positiv reagieren. Schwellung und Schmerzhaftigkeit sind oft nicht tastbar. Röntgen des Fesselträgerursprungs und der Gleichbeine und eine Ultraschalluntersuchung bestätigen die Verdachtsdiagnose.

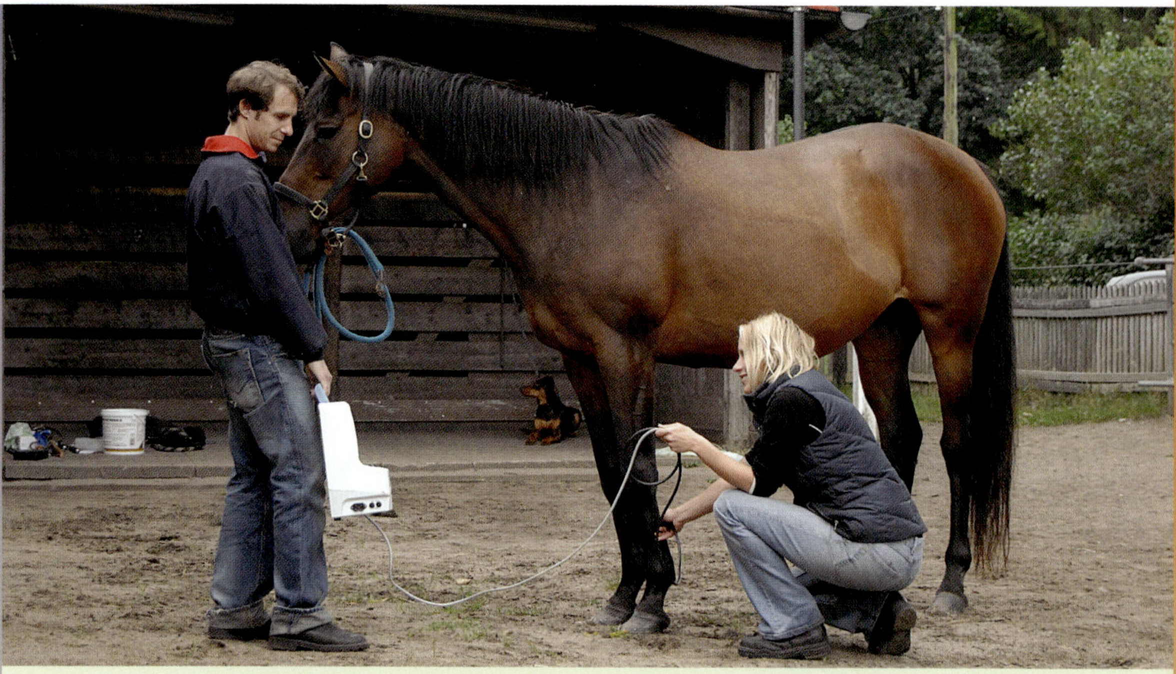

Untersuchungen mit dem Ultraschall können ambulant mit tragbaren Geräten gut oder – aufwendiger, dafür qualitativ besser – in Kliniken in abgedunkelten Räumen und mit stationären Geräten gemacht werden. (Foto: Hoppe)

Rk: Fesselträger sind sehr schlecht durchblutete, sehnige Strukturen, die langsam heilen. Konservative Behandlungen, Stoßwellen, Implantationen von Stammzellen und Injektionen an den Schaden werden therapeutisch eingesetzt.

A: Auf regelmäßige Hufzubereitung muss unbedingt geachtet werden. Die Erholung bis zur Wiedereinsetzbarkeit eines Pferdes mit manifestem Fesselträgerschaden beträgt mindestens ein Jahr. Rezidive sind häufig.

Phlegmone

Id: Die Phlegmone oder der Einschuss kommen am häufigsten im Bereich des Röhrbeins vor. Hierbei breitet sich eine Entzündung im lockeren Bindegewebe der Unterhaut aus.

Sy: Warme und schmerzhafte diffuse Schwellung des weichen Gewebes um die Röhre. Oft entsteht eine Stützbeinlahmheit. Lahmheit und Schwellung werden unter Bewegung besser. Einige Pferde entwickeln Fieber.

Rk: Pferde mit Fieber sollen gar nicht, Pferde mit deutlicher Lahmheit nur im Schritt bewegt werden. Antibiotika können notwendig sein. Feuchte abschwellende Verbände sind sinnvoll.

A: Meist heilen Phlegmonen vollständig ab. Selten kommt es zu hochgradigen Schwellungen des ganzen Beins und zu gestörtem Allgemeinbefinden. Es kann zu Ausschwitzungen von entzündlichem Sekret kommen. Selten bleiben verhärtete Schwellungen zurück.

Erkrankungen der Vordergliedmaße oberhalb der Röhre

Karpalbeulen

Id: Nach Stürzen oder Gegenschlagen kommt es zu fluktuierenden oder festen erheblichen Beulen vorn auf dem Vorderfußwurzelgelenk.

Sy: Die Beule ist meist nicht schmerzhaft und das Vorderfußwurzelgelenk lässt sich gut beugen. Meist besteht nur eine geringe Lahmheit. Vermehrt gefüllt ist der schützende Schleimbeutel, das Gelenk ist in aller Regel nicht betroffen.

Rk: Verschwindet die Beule nicht vollständig, können Blutegel gute Arbeit leisten.

Karpaltunnelsyndrom

Id: In einer Art Tunnel hinter dem Vorderfußwurzelgelenk laufen Gefäße und Nerven am Erbsbein entlang zur Versorgung der Zehe. Einengungen in diesem Bereich führen zu Versorgungslücken in der Zehe.

Sy: Chronische leichte Lahmheit, die nach Ruhephasen gebessert ist. Die Abklärung der Lahmheitsursache gelingt durch Kombination von Röntgen, Ultraschall und lokalen Betäubungen.

Rk: Die Behandlung ist schwierig. Akupunktur und manuelle Verfahren sind einer chirurgischen Intervention vorzuziehen.

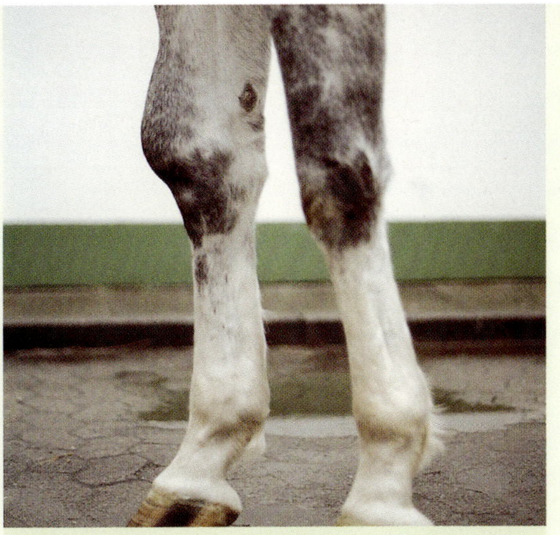

Ursache dieser starken Schwellung kann eine Verletzung sein. (Foto: Dr. Ende)

Stollbeule

Id: Weiche Beule an der Ellenbogenrückseite durch vermehrte Füllung des Schleimbeutels. Entsteht meist bei beschlagenen Pferden, die auf festem Boden liegen.

Erkrankungen der Hintergliedmaße oberhalb der Röhre

Spat

Id: Alle chronischen und degenerativen Prozesse im Sprunggelenk werden so bezeichnet.

Sy: Es entsteht ein kürzerer Gang und eine gemischte Lahmheit, die nach dem Beugen deutlich schlechter ist. Die Lahmheit wird in der Bewegung besser. Röntgenologisch können Knochenzubildungen, arthrotische oder knochenauflösende Veränderungen

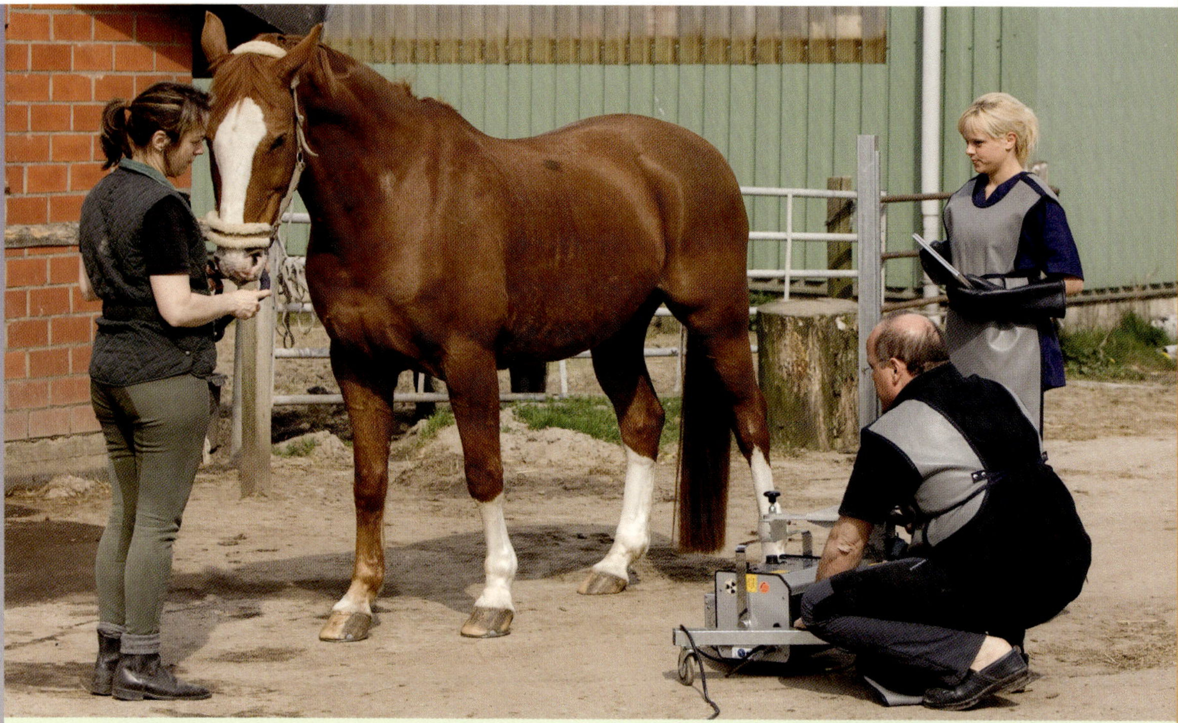

Röntgen kann man mit entsprechender Ausrüstung praktisch überall. Die Erfordernisse des Strahlenschutzes müssen beachtet werden. Die Pferdehalterin im Bild wird den Untersuchungsort während der Aufnahmen verlassen. Die an der Untersuchung Beteiligten tragen Schutzkleidung, ihre Strahlenexposition wird mit Filmdosimetern überwacht. (Foto: JBTierfoto)

gefunden werden. Bei abgeschlossener Verknöcherung der Gelenkspalten im Rahmen einer Arthrose kann Schmerzfreiheit erzielt werden.

Rk: Heilung ist nicht möglich, alle Therapien zielen auf Schmerzfreiheit und wiederhergestellte Funktionsfähigkeit. Konservative Behandlungen mit Beschlag und Futterzusätzen sind oft erfolgreich. Akupunktur, Homöopathie und Blutegel helfen langfristigen Erfolg zu sichern. Chirurgische Intervention ist möglich.

OCD

Id: Osteochondrose ist der richtige Name für das, was in Reiterkreisen Chips oder Gelenkmäuse genannt wird. Sie kommen in den Fesselgelenken, den Sprunggelenken und den Knieen relativ häufig vor. Man findet solche Chips allerdings auch im Ellenbogen, in der Schulter und in der Halswirbelsäule. Diese Chips entstehen beim wachsenden Pferd und verändern sich dann meist nicht mehr.

Sy: Betroffene Gelenke sind vermehrt gefüllt. Lahmheit oder positiver Ausfall der Beugeprobe muss nicht vorhanden sein. Die Diagnose entsteht durch Röntgen.

Rk: Je nach Größe und Sitz des Chips muss dieser herausoperiert werden. Oft gelingt das arthroskopisch.

A: Nach Sitz, Größe und Zahl der zu entfernenden Chips und nach möglicherweise bereits entstandenem

Knorpelschaden unterscheidet sich die Prognose. Häufig werden Chip-operierte Pferde vollständig belastbar und lahmfrei. Die Entstehung von Chips wird durch mangelnde Bewegung in der Wachstumsphase begünstigt.

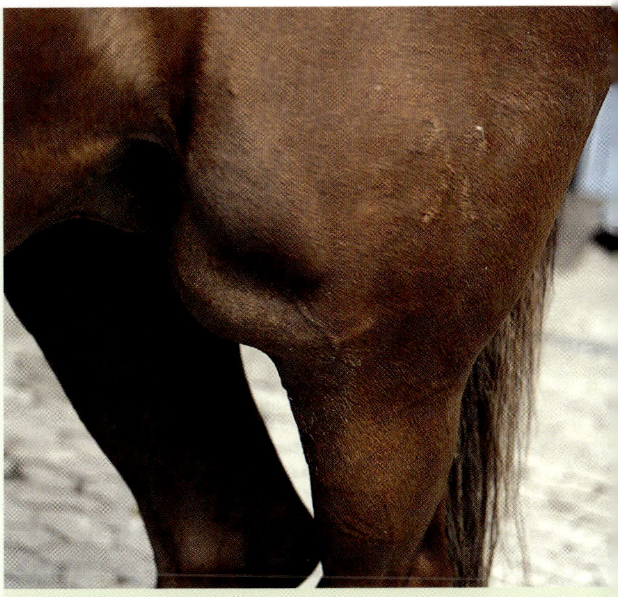

In diesem Kniegelenk hat sich viel Flüssigkeit angesammelt. (Foto: Dr. Ende)

Kniegelenkerkrankungen

Id: Im Knie kommen Entzündungen, Arthrosen und OCD vor. Sogenannte lose Knie bezeichnen die fehlende Stabilität durch die Kniebänder.

Sy: Betroffene Gelenke sind vermehrt gefüllt und schmerzhaft. Die entstehende Lahmheit ist eine gemischte oder eine Hangbeinlahmheit, die in der Bewegung nicht besser wird. Häufig ist die Kruppenmuskulatur schwächer ausgeprägt. Die Zehe kann eine gerade geschliffene vordere Hufkante haben. Die Beugeprobe ist positiv, meist wird das Bein nach dem Beugen verzögert abgesetzt. Röntgen, Anästhesien und Ultraschalluntersuchungen bestätigen den Verdacht des Vorliegens einer Kniegelenkerkrankung.

Rk: Ruhe, systemische Entzündungshemmer, Einreibungen und Injektionen in das betroffene Knie sind oft notwendig. Zur Behandlung des sogenannten losen Knie werden sind ebenfalls Injektionen, aber gegebenenfalls auch eine Operation erforderlich.

Kniescheibenfixation

Id: In einer Art Fehlfunktion hängt die Kniescheibe sich in der Bewegung so auf dem Rollkamm des Oberschenkels fest, wie sie es nur in der Ruhehaltung als passive Stehvorrichtung tun sollte. Auch Verschiebungen der Kniescheibe nach außen oder unten sind möglich, aber selten.

Sy: Bei fixierter Kniescheibe ist die Beugung von Knie und Sprunggelenk nicht möglich. Betroffene Pferde stehen mit gestrecktem Hinterbein und bewegen sich nicht.

Rk: Als Erste Hilfe gelingt es oft, durch Rückwärtsschieben des Pferdes ein Zurückspringen der Kniescheibe in ihre normale Position zu erreichen. Entzündungshemmende Medikamente können notwendig sein. Manuelle Reposition ist möglich. Stärkung der Muskulatur der Hinterhand und Einreibungen des Knies können stabilisierend wirken. Injektionen an ein Knieband können straffend eingesetzt werden. Passiert so eine Verlagerung häufig, sollte das operative Durchtrennen eines Kniebandes erwogen werden.

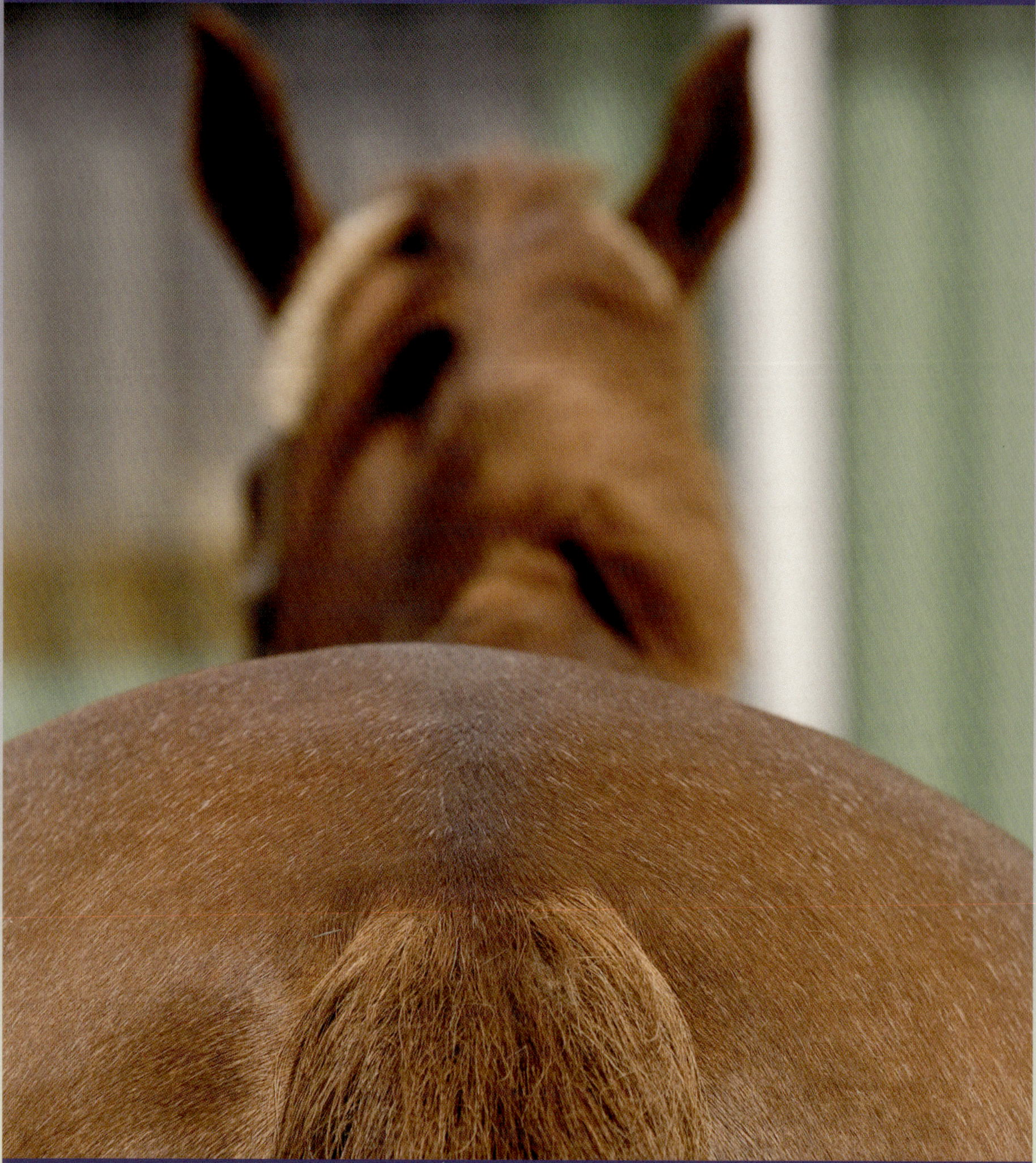

Bereits bei der Betrachtung des stehenden Pferdes fällt auf, dass etwas nicht stimmt. Die rechte Kruppe ist deutlich tiefer und flacher als die linke. (Foto: JBTierfoto)

Rückenprobleme

Rückenprobleme sind eine Art Lieblingsthema unter Reitern und Tierärzten. Bestimmt gibt es Rückenschmerzen beim Pferd, und ebenso bestimmt haben diese oft Ursachen außerhalb des Rückens. Rückenbeschwerden zeigen oft eine zu Beginn unspezifische Symptomatik und sind aufwendig in Diagnose und Behandlung. Systematisches Training ist für Pferderücken, die man nutzen möchte, unabdingbar.

Primäre Rückenprobleme

Id: Rückenprobleme, die ihre Ursache tatsächlich in den Strukturen des Rückens haben, werden primär genannt. Hierzu gehören Verformungen der Wirbelsäule, knöcherne Veränderungen wie Kissing spines, Spondylosen oder Arthrosen der kleinen Wirbelgelenke.

Ebenso fallen unter die primären Rückenprobleme Veränderungen an den Bändern und der Muskulatur des Rückens.

Sy: Zu Beginn fällt Arbeitsunlust, Triebigkeit, mangelnde Biegung, fehlende Durchlässigkeit, Verlängerung der Lösungsphase und schlechte Laune des Pferdes hoffentlich jemandem auf. Falls nicht, entwickeln sich die Symptome oft weiter zu Unwilligkeit, Sattelzwang, Steigen, Buckeln und Arbeitsverweigerung.

Rk: Untersuchungen zum Abklären der Ursache in einer Klinik sind oft erforderlich. Allerdings sind die allermeisten Rückenprobleme bei Pferden sekundär (siehe Seite 79). Die Behandlung umfasst örtliche und systemische Behandlung, Physiotherapie und den Aufbau unter einem festgelegten Trainingsplan.

A: Auch bei Befunden am Rücken kann durch Behandlung, Gymnastik und kontrolliertes Aufbautraining sehr oft eine funktionelle Wiederherstellung erreicht werden.

So ein Rücken ist schwierig zu trainieren, beweglich zu halten und es ist nicht leicht einen passenden Sattel dafür zu finden. (Fotos: Hoppe)

Probleme mit dem Kreuzdarmbeingelenk (ISG)

Id: Dieses straffe Gelenk verbindet die Hinterhand über den Hüftknochen mit dem Kreuzbein als Teil der Wirbelsäule. Dieser Bereich muss viel Stabilität besitzen, um die Kraftübertragung aushalten zu können. Diverse Bänder umspannen dieses Gelenk. Eingeschränkte Beweglichkeit in diesem Bereich wird von manuell tätigen Therapeuten als Blockade angesprochen. Störungen im Bereich des ISG korrespondieren häufig mit Einschränkungen an Genick und Hinterhaupt. Die Differenzierung zu Rückenproblemen ist schwierig.

Sy: Arbeitsunlust, fehlender Schwung, ungleiches Treten der Hinterbeine, Rückenschmerzen und fehlende Losgelassenheit führen zu dem Verdacht der Erkrankung in diesem Bereich.

Rk: Genaue Suche nach den Ursachen durch manuelle Untersuchung und bildgebende Verfahren (Ultraschall!) ist notwendig. Die Injektion von Lokalanästhetika an dieses Gelenk wird zur Diagnostik genutzt, das Gelenk selbst ist ziemlich schwer zugänglich. Die Behandlung erfolgt mit entzündungshemmenden und am Bandapparat wirksamen Medikamenten. Manuelle Verfahren werden ebenso wie Akupunktur und Homöopathie erfolgreich eingesetzt. Das erneute Antrainieren des Pferdes erfordert Geduld, einen durchdachten Trainingsplan und gute Beobachtung.

A: Regelmäßige gymnastizierende Arbeit kann den Bereich so stärken, dass einmal überstandene Beschwerden nicht wiederkommen. Nach längeren Arbeitspausen können Probleme allerdings erneut auftreten.

Sekundäre Rückenprobleme

Id: Die allermeisten Rückenschmerzen haben einen Grund, der außerhalb des Rückens liegt. Alle Pferde mit Rückenschmerzsymptomen müssen daher sehr gründlich allgemein untersucht werden.

Sy: Als Verursacher von Rückenschmerzen und Verspannungen der Rückenmuskulatur kommen diverse Ursachen infrage: Zahnprobleme, Lahmheiten (Beugeproben durchführen lassen), innere Erkrankungen (Blutbildkontrolle sinnvoll), Haltungsfehler, Managementfehler, unpassende Ausrüstung, ungeeigneter Beschlag, Fehler in der Arbeit und Ausbildungsmängel. Ob es bei Pferden wie bei uns psychosomatische Rückenschmerzen gibt, ist ungeklärt.

Rk: Aufmerksames Beobachten, Selbstkritik und Offenheit helfen die Ursache zu finden und abzustellen.

Rückenprobleme bei Pferden neigen dazu, eine unglaubliche Eigendynamik zu entwickeln. Bei einem kurzschrittigen, verspannten und arbeitsverweigerndem Pferd kann es sehr schwierig sein die Ursache herauszufinden.
Vor allem bei dem Verdacht auf Rückenschmerzen ist es daher echt wichtig frühzeitig zu handeln. Das Pferd handelt ja auch und entwickelt Schonhaltungen und Ausgleichsbewegungen.
Jeder Therapie sollte eine Diagnose des Problems vorausgehen sonst wird alles schlimmer und die Symptome erscheinen verwaschen!
Beobachten Sie selbst und ziehen dann rechtzeitig einen Fachmann zu Rate.

Diese Haut ist nicht gesund: An den weißen Abzeichen sieht man die Sonnenbrandveränderungen bei der Photodermatitis.
(Foto: Hoppe)

Erkrankungen der Haut

Die Haut ist das größte Organ des Körpers. Sie ist die äußere Hülle und eine Barriere gegen die Außenwelt. Die Haut ist verantwortlich für die Thermoregulation, die Schweißbildung und das Haarkleid. Zudem ist die Haut ein wichtiges Sinnesorgan, das Temperatur, Druck und Schmerzempfindungen wahrnimmt.

Als Hülle schützt die Haut vor lebenden Einflüssen ebenso wie vor physikalischen Noxen. Die Haut selbst enthält Immunzellen, die an spezifischer und unspezifischer Abwehr von Keimen beteiligt sind. Drüsen in der Haut produzieren Sekrete, wie zum Beispiel den Talg, die schützend wirken. Die Haut kann durch eingelagerte Pigmente vor starker Einwirkung von Sonnenlicht und durch ihre regulierenden Eigenschaften vor Austrocknung schützen. Fettgewebe in der Unterhaut dient nicht nur der Formgebung, sondern ist auch Stoßdämpfer und Energiespeicher für das Pferd. Haut nimmt Energie in Form von Sonnenlicht auf, und das ist zum Beispiel wichtig für die Produktion von Vitamin D. Die Haut hat somit auch Aufgaben als wichtiges Stoffwechselorgan.

Die Haut gilt als der Spiegel der Gesundheit.

Hauterkrankungen können infektiös oder nicht infektiös sein. Oft bedingen sich diese Dinge allerdings, weil nicht infektiös geschädigte Haut anfälliger für Infektionen ist oder eine Infektion als Wegbereiter für eine andere fungiert. Häufig kommen auch verschiedene Hauterkrankungen nebeneinander vor. Da Haut relativ eingeschränkte Reaktionsmöglichkeiten hat, gibt es verschiedene Erkrankungen, die zu sehr ähnlichen Erscheinungsbildern führen.

Allen Hautkrankheiten gemeinsam ist, dass sie durch Stress, Vitaminmangel, schlechte Hygiene und fehlende Frischluft verstärkt werden. Alle Hauterkrankungen sind der Behandlung mit regulationsmedizinischen, homöopathischen und traditionellen chinesischen Methoden gut zugänglich.

Infektiöse Hauterkrankungen

▶▶ Papillomatose

Id: Die Papillomatose ist eine Virusinfektion, die an der Haut des Gesichts zu Warzenbildung führt.

Sy: Diese Erkrankung betrifft vor allem Jungpferde und Fohlen. Plötzlich entwickeln diese vor allem um die Nüstern herum eklige Warzen. Die Warzen können flach und gelblich weiß sein oder leicht gestielt und grau. Selten fangen die Veränderungen an zu jucken und die Pferde kratzen sich.

Rk: Die Erkrankung klingt am besten ganz ohne Behandlung ab, allerdings dauert das etwa ein Vierteljahr manchmal auch länger.

Diese Warzen sind virusbedingt und heilen von selbst. (Foto: Hoppe)

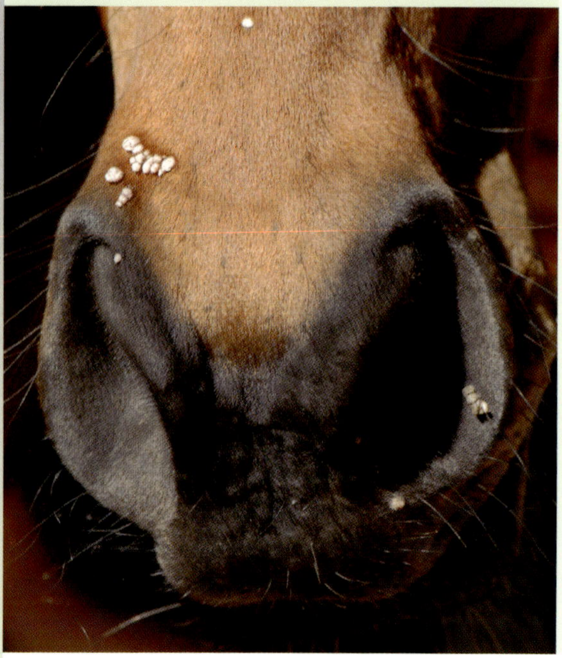

▶▶ Sarkoide

Id: Sarkoide sind Tumoren des Bindegewebes, die einen Anteil in der Haut haben. Das Sarkoid ist der häufigste Tumor beim Pferd. Als Erreger werden Papillomaviren der Rinder verdächtigt.

Sy: Dieser Tumor kommt in vier Typen vor und kann sehr unterschiedlich aussehen. Oft kommen auch verschiedene Typen dieses Tumors nebeneinander am gleichen Pferd vor. Der Tumor wächst invasiv, das heißt, er zerstört Gewebe, in das er hineinwächst. Sarkoide bilden keine Metastasen in inneren Organen und beeinträchtigen die betroffenen Pferde meist zunächst gar nicht. Leider haben diese bösen Tumoren eine hohe Rezidivneigung; das bedeutet, dass, wenn

Bei dieser deutlichen Hautveränderung unter dem Auge des Pferdes handelt es sich um ein Sarkoid. Diese können an den unterschiedlichsten Körperstellen entstehen. (Foto: Dr. Ende)

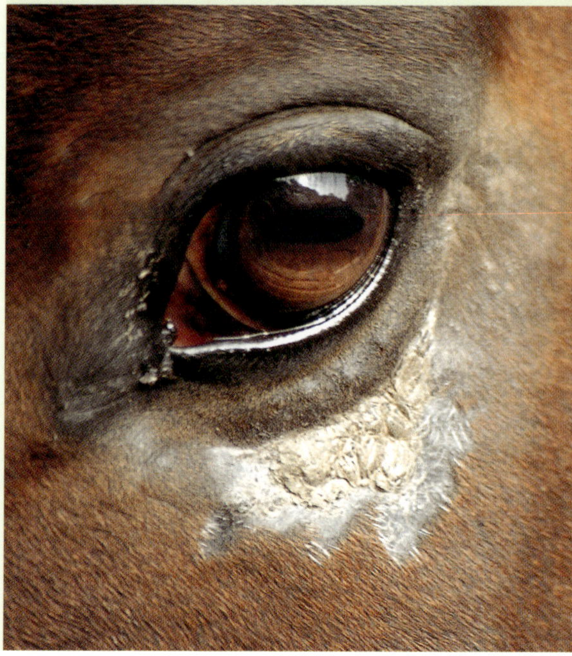

man sie operiert und ganz wegschneidet, trotzdem an der gleichen Stelle wieder ein solcher Tumor wächst. Manchmal fangen auch woanders am Pferd die Tumoren an zu wachsen, wenn man einen wegschneidet.

Es werden sehr viele Behandlungsansätze diskutiert. Radikales Entfernen ist, wenn es denn erfolgreich ist, am besten. Ob das chirurgisch, kryochirurgisch oder mit einem Laser am besten gelingt, ist umstritten. Das Spritzen von BCG in den Tumor verbessert die Ausgangssituation, da so häufig eine Tumorregression erreicht wird.

Bei Pferden, die Sarkoide haben, muss jede Wunde sorgfältig beobachtet werden, manchmal entstehen aus kleinen Wunden neue große Tumoren.

Die Empfindlichkeit für diese Erkrankung ist möglicherweise erblich.

Dermatophilose

Id: Eine Hauterkrankung, die überwiegend im verregneten Spätsommer und im Herbst auftritt. So kommt diese Erkrankung auch zu dem Spitznamen Regenekzem. Erreger ist Dermatophilus congolensis, ein grampositives Bakterium. Dermatophilus ist ansteckend für Menschen und Tiere. Er kann nicht in gesunde, trockene Haut eindringen. Kleinste Verletzungen oder im Dauerregen aufgeweichte Haut schaffen ihm gute Bedingungen.

Sy: Es finden sich zunächst Quaddeln unterschiedlicher Größe und kleine Knötchen in verschiedenen Lokalisationen am Pferd. Über diesen veränderten Stellen verkleben die Haare zu aufrecht stehenden Büscheln, die sich leicht ausziehen lassen. Durch entzündliche Reaktionen der Haut bildet sich ein Exsudat, das zu Krusten eintrocknet. Die Haare in diesen Krusten haben eine Form ähnlich einem Pinsel. Haarlose, rosafarbene und möglicherweise leicht feuchte Stellen bleiben zurück, auf denen üblicherweise das Haar normal nachwächst. Die an Dermatophilose erkrankten Pferde leiden nicht, die Veränderungen jucken nicht.

Zur Bestätigung der Verdachtsdiagnose benötigt man Haarproben für das Labor. Die Verdachtsdiagnose muss mitgeteilt werden, damit eine entsprechende Anzüchtung erfolgt.

Rk: Zur Therapie sollen die Krusten möglichst vollständig entfernt werden. Das gelingt am besten durch Aufweichen und Waschen mit nicht reizenden Shampoos. Das Entfernen der Krusten kann schmerzhaft sein. Betupfen der betroffenen Stellen mit entzündungshemmenden Medikamenten kann unterstützend eingesetzt werden. Die Haut sollte vor weiteren Schäden geschützt werden (Regendecke). Die Verabreichung von Antibiotika ist in aller Regel nicht notwendig, die Erkrankung heilt unter entsprechender Haltung und Pflege gut von allein ab.

Follikulitis

Id: Die Follikulitis ist eine Entzündung der Haarbälge.

Sy: Diese Erkrankung kommt besonders im Frühjahr und bevorzugt in der Sattellage und in der Gurtlage vor. Zunächst entstehen kleine Erhebungen, die man in der Haut tasten kann. Diese werden zum Teil zu kleinen Pusteln, die aufgehen und etwas wässrige Flüssigkeit abgeben. Die Stellen jucken nicht, sind aber bei Berührung schmerzhaft. Erreger sind meist runde Bakterien (Staphylokokken spp., zum Teil auch Streptokokken oder Corynebakterien).

Rk: Therapeutisch ist es wichtig, die Stellen nicht zu reizen, das bedeutet nicht satteln und nicht daran herumschmieren. Die Stellen können mit einem Polyvidon-Jod-Shampoo gewaschen werden.

A: Innerhalb einiger Tage klingen die Symptome wieder ab. Erst wenn die Stellen nicht mehr berührungsempfindlich sind, kann wieder gesattelt werden.

Durch Pilze bedingte Hauterkrankungen

Id: Alle krankhaften Veränderungen der Haut, die durch Pilze der Gattungen Microsporum und Trichophyton verursacht werden, bezeichnet man als Dermatophytosen oder ansteckende Dermatomykosen. Diese Hauterkrankung kommt häufig auf vorgeschädigter Haut, bei geschorenen Pferden oder im Fellwechsel vor. Zum Teil sind diese Pilze auch für den Menschen pathogen.

Mikrosporie

Sy: Bereits bevor die Symptome richtig sichtbar sind, können kleine knotige Schwellungen beim Abtasten der Haut auffallen. Diese Papeln können Juckreiz verursachen. Danach fallen einzelne, meist kreisrunde, schuppende oder haarlose Stellen auf. In der Regel werden alle Haare eines Bezirks befallen und brechen sehr kurz über der Hautoberfläche ab. Die Haare am Rand dieser Veränderungen und an neu

Die kreisrunden haarlosen Flecken auf dem Rücken dieses Pferdes sind typisch für einen Pilzbefall. (Foto: Hoppe)

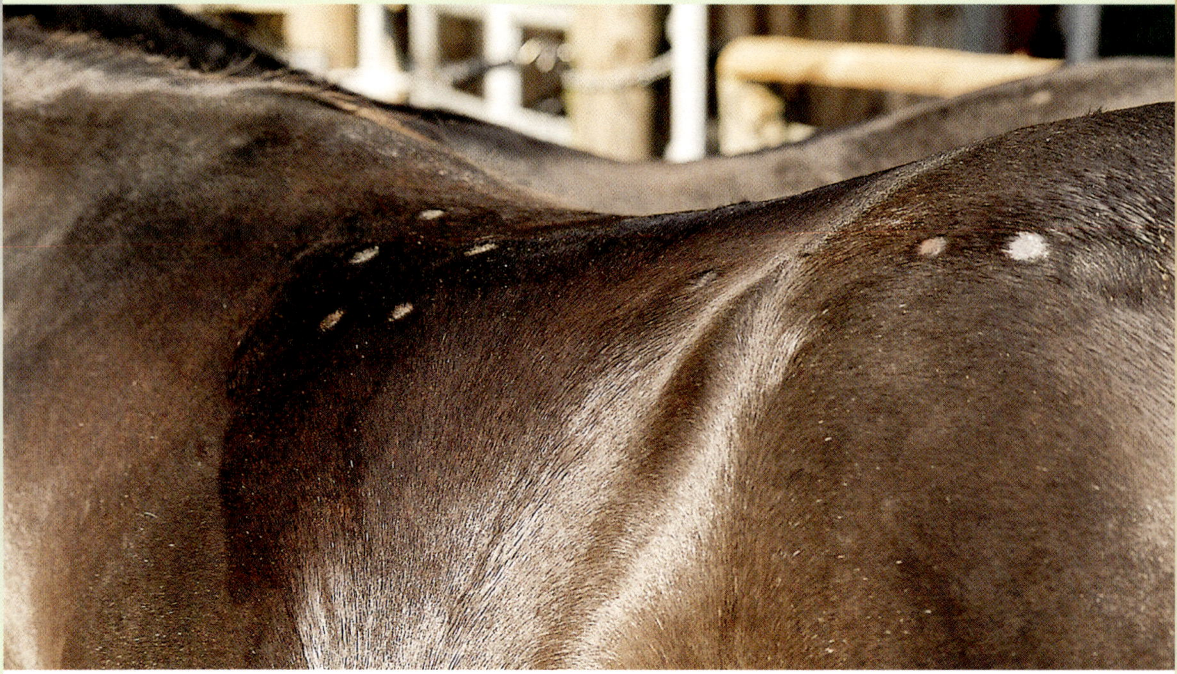

Eine nähere Betrachtung der Fellbeschaffenheit und der Haut gibt Aufschluss über mögliche Erkrankungsanzeichen. (Foto: Tierfotoagentur.de)

befallenen Stellen lassen sich leicht ausziehen. Gelegentlich können trockene, dicke, krustenförmig verklebte Schuppen entstehen, die haarlose, trockene, kreisrunde Veränderungen hinterlassen.

Durch mikroskopische Untersuchung von Hautgeschabseln, die am Rande von Veränderungen genommen wurden, oder kulturellem Nachweis der Mikrosporen wird die Diagnose gesichert.

Rk: Waschungen mit verdünntem Enilconazol (Imaverol) sind zur Behandlung geeignet. Diese Waschungen müssen etwa alle drei Tage wiederholt werden. Zur Therapie gehört auch, die Pferde auf die Koppel zu bringen – das allein kann schon zu Spontanheilungen führen.

P: Zur Prophylaxe und auch bei bereits auftretenden Symptomen ist die Impfung mit Insol Dermatophyton empfehlenswert.

Das Einhalten von guter Grundhygiene ist sehr wichtig. Jedes Pferd sollte eigenes Putzzeug und eigene Decken besitzen. Auch Reitersporen können Pilzsporen übertragen, also sollte auch die Ausrüstung des Reiters Beachtung finden in der Frage der Übertragung auf andere Pferde. Wird geimpft, so darf man auf begleitende Desinfektion und Hygienemaßnahmen dennoch nicht verzichten, da die im Fell befindlichen Sporen von der Impfung nicht erfasst werden können.

Trichophytie

Id: Pilze der Gattung Trichophyton rufen noch häufiger Erkrankungen hervor als Mikrosporumarten. Oft erkranken ganze Stalltrakte. Die Erkrankung kommt vor allem in den Wintermonaten und häufiger bei jungen Pferden vor. Stress, Vitaminmangel oder eine

Grunderkrankung können die Erkrankungsbereitschaft steigern.

Sy: Am Pferd können alle Stellen außer Schopf und Füßen befallen sein. Zu Beginn finden sich kaum sichtbare, aber tastbare, etwa centgroße Schwellungen in der Haut. An diesen Stellen sträuben sich in den nächsten Tagen die Haare und es entstehen weiche graue und graugelbe Beläge.

Die Haare lassen sich mit diesen Borken leicht und büschelweise ausziehen. Zurück bleiben kahle, zuerst runde Stellen, die sich zu größeren Flächen vereinigen können. Die Haare beginnen meist in der Mitte der Veränderungen wieder zu wachsen, sodass während der Abheilung Ringe auf dem Pferd zu sehen sind. Solange keine bakteriellen Sekundärinfektionen dazukommen, juckt so ein Pilz nicht.

Durch mikroskopische Untersuchung eines Hautgeschabsels und durch kulturellen Nachweis kann die Diagnose bestätigt werden.

Rk: Durch Waschungen mit verdünntem Enilconazol kann diese Erkrankung recht gut bekämpft werden. Gewaschen wird bei der ersten Behandlung nach Möglichkeit das ganze Pferd, dann noch vier Mal jeweils im Abstand von drei Tagen die betroffenen Stellen.

P: Zur Prophylaxe und zur Beschleunigung der Abheilung eignet sich die Impfung mit Insol Dermatophton. Dieser Impfstoff enthält vier Mikrosporum- und vier Trichophtonarten und ist inaktiviert. Ein weiterer gut zur Prophylaxe einsetzbarer Impfstoff ist Hippo Trichon, der lebend Trichophyton Equinum enthält.

Nach überstandener Trichophytie nimmt man an, dass die Pferde etwa drei Jahre immun gegen Neuerkrankungen sind. Die Immunität nach der Impfung hält mindestens ein Jahr.

Die Impfung muss an gesunden Pferden streng nach dem Impfschema vorgenommen werden. In der Zeit um diese Impfungen herum ist Stress zu vermeiden und sind andere Impfungen zu unterlassen. Die Impfungen können das aufwendige Waschen überflüssig machen und bei jeder Witterung durchgeführt werden. Die Abheilung einer Hautpilzerkrankung erfolgt meist nach der zweiten Impfung und in der Regel mindestens zwei Monate schneller als ohne Impfung.

Parasiten

▶▶ Läuse und Haarlinge

Sy: Der Befall mit diesen Ektoparasiten führt oft zu erheblichem Juckreiz und deutlichen Veränderungen

Haarlinge ernähren sich von Schuppen, da juckt es schon fast beim Hingucken. (Foto: Hoppe)

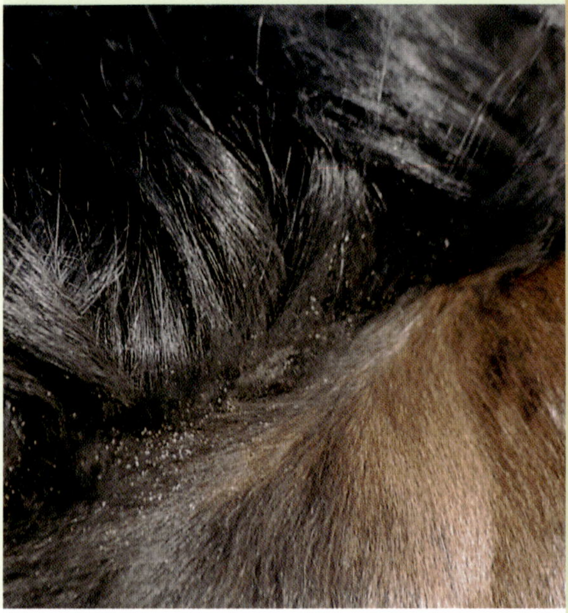

am Langhaar. Die Diagnose ist relativ leicht, da die Erreger und ihre Spuren häufig mit dem bloßen Auge erkennbar sind. Ektoparasiten sind ansteckend und kommen auch bei guter Hygiene zeitweise vor. Besonders bei sehr jungen (Fohlenfell) oder recht alten (verzögerter Fellwechsel) Pferden kommt ein Befall vor allem während der Fellwechselzeiten infrage. Die kleinen Krabbeltiere sind nicht auf uns Menschen übertragbar. Haarlinge sitzen vor allem unter Mähne und Schopf, sie ernähren sich von Hautschuppen, und je mehr Schuppen vorhanden sind, umso wahrscheinlicher treten sie auf. Flöhe und Läuse gibt es überall im Fell.

Rk: Waschungen mit Shampoos, die Insektizide enthalten, oder Sprühbehandlungen sind möglich. Meist müssen diese Behandlungen nach einigen Tagen wiederholt werden. Haltung an frischer Luft ist ebenso wichtig wie eine ausreichende Vitamin- und Mineralstoffversorgung. Vitaminmangel verursacht oft Schuppen, und die sind Futter für Haarlinge.

Zecken

Id: Der Befall mit Zecken kommt in den Sommermonaten auf der Weide relativ häufig vor. Zecken haben acht Beine und sind deswegen mit Insektiziden (gegen Sechsbeiner) nicht bekämpfbar. Sie kommen in Sträuchern, Büschen, Knicks und an Waldrändern vor.

Sy: Festgebissene Zecken findet man am Pferd vor allem im Gesicht, unter den Ganaschen und in den Achseln. Alle Farben, Formen und Größen kommen vor. Je länger eine Zecke bereits festsitzt, desto größer ist sie.

Rk: Findet man eine Zecke an seinem Pferd, so entfernt man sie zügig. Dafür eignen sich spezielle Pinzetten und Haken oder auch die eigenen Fingernägel. Die Zecke soll möglichst vollständig entfernt und vor der Entfernung nicht mit irgendwas betupft werden. Zeckenbisse können zum Teil erheblich anschwellen. Als Erste Hilfe funktioniert eine Kombination von Ledum und Apis (nicht zeitgleich geben!). Zecken können Borrelien und Rickettsien übertragen. Dagegen kann man nichts tun, außer zur Minimierung des Zeckenbefalls beizutragen und festgebissene Zecken frühzeitig zu entdecken und schnellstens zu entfernen. Denken Sie bitte in mehreren Wochen noch daran, dem Tierarzt auch vom Zeckenbefall zu erzählen, wenn das Pferd plötzlich Symptome einer Infektionskrankheit entwickelt.

P: Vorbeugend gegen Zecken können Pferde mit Permethrin, das auch akarizid (gegen Achtbeiner) wirkt, behandelt werden. Die Behandlung mit dem einzigen zurzeit dafür zugelassenen Präparat (Wellcare Emulsion) reicht für sieben bis zwanzig Tage, je nach Schwitzen und Regenexposition. Permethrin ist giftig und die Anwendungshinweise sollen unbedingt beachtet werden. Zugaben von Geruchsstoffen im Futter oder Einreiben mit duftenden Zubereitungen helfen nicht sicher.

Räude

Id: Diese Erkrankung wird von Milben hervorgerufen, die in der Haut leben. Bei den Pferden kommen drei Arten von Milben vor. Die Psoroptesmilbe, die Chorioptesmilbe und die Sarkoptesmilbe. Alle Milben sind Spinnentiere (achtbeinig!).

Wenn ein Pferd sich vermehrt kratzt, sollten Sie es unbedingt auch auf Parasiten hin untersuchen. (Foto: Tierfotoagentur.de)

Sy: Die Chorioptesmilbe verursacht die sogenannte Fußräude. Sie tritt vor allem in den Wintermonaten und häufiger bei Pferden mit langem Behang (Kaltblüter, Friesen, Tinker) auf. Oft zeigen sich die Symptome auch während des Fellwechsels. Schlechte Pflege kann die Erkrankung begünstigen. Hier entsteht starker Juckreiz an den Füßen und Beinen, der sich über den ganzen Körper ausbreiten kann. Die Haut ist schuppig verändert und neigt zum Nässen und zur Krustenbildung. Die Haare fallen aus. Die Pferde beißen sich an Vorder- und Hinterbeinen in den Bereich über der Fessel. Einige stampfen mit den Füßen auf den Boden oder versuchen die Beine aneinander zu schubbern. Zum Teil ist der Juckreiz so erheblich, das die Pferde sich hinlegen, um besser auf den Hinterbeinen herumbeißen zu können. Diese Milbe kann man häufig schon finden, wenn man die in Büscheln mit etwas Haut abziehbaren Haare untersuchen lässt. In milden Verläufen gibt es nur wenig Juckreiz und Haarausfall an den Hinterbeinen im Röhrbeinbereich. Häufig geht die Erkrankung im Sommer zurück, um dann im nächsten Winter wieder aufzutreten.

Die Sarkoptesmilbe bevorzugt kurz behaarte Hautstellen. Die stark juckende Erkrankung beginnt am Kopf und kann sich innerhalb von vier bis sechs Wochen auf den gesamten Körper ausbreiten. Die Pferdebeine werden in der Regel nicht befallen. Es bilden sich Schuppen, Krusten und Borken. Im weiteren Verlauf fallen die Haare aus.

Die Psoroptesmilbe befällt Schopf und Genickgegend, Widerrist und Schweifansatz. Sie kann auch zusammen mit der Sarkoptesmilbe auftreten und so schlecht zu differenzierende Hauterkrankungen auslösen. Die Haut wird schuppig, faltig und neigt natürlich zu Sekundärinfektionen aller Art.

Alle drei Milbenarten sind bei Verdacht in Bioptaten nachweisbar. Die Biopsie muss immer tief genug sein und Haarbälge miterfassen.

Rk: Fußräude: Da diese Milben relativ oberflächlich in der Haut leben, können leichte Erkrankungen mit auftragbaren Akariziden behandelt werden. Geeignet ist auch Fipronil, ein Wirkstoff, der im für Hunde zugelassenen Frontlinespray erhältlich ist. Heftigere Erkrankungen muss man mit einem auch gegen Milben wirksamen Injektionsmedikament behandeln lassen. So ein Medikament gibt es leider nicht für Pferde. Aber es gibt derartige Präparate für Kühe und Schafe (Wirkstoffe sind Avermectine).

Egal mit welcher Methode Sie vorgehen, es gelingt, die Erkrankung für den Moment zurückzudrängen, aber es gelingt niemals, alle Milben zu töten. Sicher vermehren sie sich im nächsten Fellwechsel wieder und der Tanz beginnt von vorn.

Wie bei den Chorioptesmilben auch lässt sich gewöhnlich ein Sieg über diese Plagegeister nicht erringen, aber man kann sie erheblich in ihren Aktivitäten einschränken. Die Psoroptes- und Sarkoptesmilben sind schlecht und nur systemisch mit Injektionen behandelbar.

Dieses Pferd wehrt sich mit starkem Kopfschütteln gegen Insekten auf der Weide. (Foto: Tierfotoagentur.de)

Probleme beim Fellwechsel und übermäßig langes Fell können auf Störungen des Immunsystems hindeuten. Dieses Pferd wurde teilweise geschoren, um den Temperaturausgleich in den wärmeren Jahreszeiten zu erleichtern. (Foto: Hoppe)

Immunvermittelte Hauterkrankungen

Bei sogenannten immunvermittelten Erkrankungen werden Antikörper gegen Substanzen gebildet, die von außen in den Körper dringen.

Die beiden wichtigsten immunvermittelten Krankheiten des Pferdes sind das Sommerekzem und das Nesselfieber (Urtikaria).

Sommerekzem

Id: Das Sommerekzem ist eine allergische Hauterkrankung bei Pferden. Die Erkrankung kommt weltweit bei Pferden aller Rassen vor. Eine Allergie gegen Inhaltsstoffe des Speichels von stechenden Insekten liegt dieser Erkrankung zugrunde. Zusätzlich können viele Faktoren in der Haltung und Ernährung der Pferde die Ausprägung der Krankheitssymptome beeinflussen.

Sy: Das Kardinalsymptom ist der Juckreiz. Er ist es, der das Pferd quält und zum Scheuern veranlasst. An den betroffenen Körperpartien, in erster Linie Mähnenkamm, Bauchnaht und Schweifrübe, aber auch Kopf, Brust und Kruppe, kommt es zu Hautveränderungen. Zunächst zeigen sich kleine juckende Papeln, die im weiteren Krankheitsverlauf zu Schwellungen, Krusten, Borken und Wunden werden.

Eindecken hilft, das Leben von Pferden mit Sommerekzem zu verbessern. (Foto: Hoppe)

Die meisten Veränderungen entstehen sekundär durch das Scheuern. Bei Pferden, die bereits mehrere Sommer hindurch an dieser Erkrankung leiden, ist häufig der Mähnenkamm verdickt und die Mähne hat Stufen, die durch das Herunterwachsen ehemaliger Haarbruchstellen zustande kommen.

Das Vorliegen dieser Erkrankung ist durch einen Bluttest auch in der symptomfreien Zeit (funktioneller In-vitro-Test an der Tierärztlichen Hochschule in Hannover oder Equine CAST, Laboklin) nachweisbar. Die Anlage zu der Erkrankung ist erblich. Diese Erblichkeit bezieht sich sowohl auf das Vorhandensein der Allergieneigung wie auch auf die Heftigkeit der Erkrankung.

Wie bei allen Allergien liegt hier eine Fehlfunktion des Immunsystems vor. Der Körper reagiert übertrieben heftig auf Kontakt mit dem Mückenspeichel, dem auslösenden Allergen. Diese Reaktion ist eine Allergie, die hauptsächlich auf Mechanismen der Typ-1-Allergie beruht.

Rk: Trotz jahrelanger Forschung gibt es bisher keine ursächliche und bei allen Pferden mit Erfolg anwendbare Therapiemethode für diese Erkrankung.

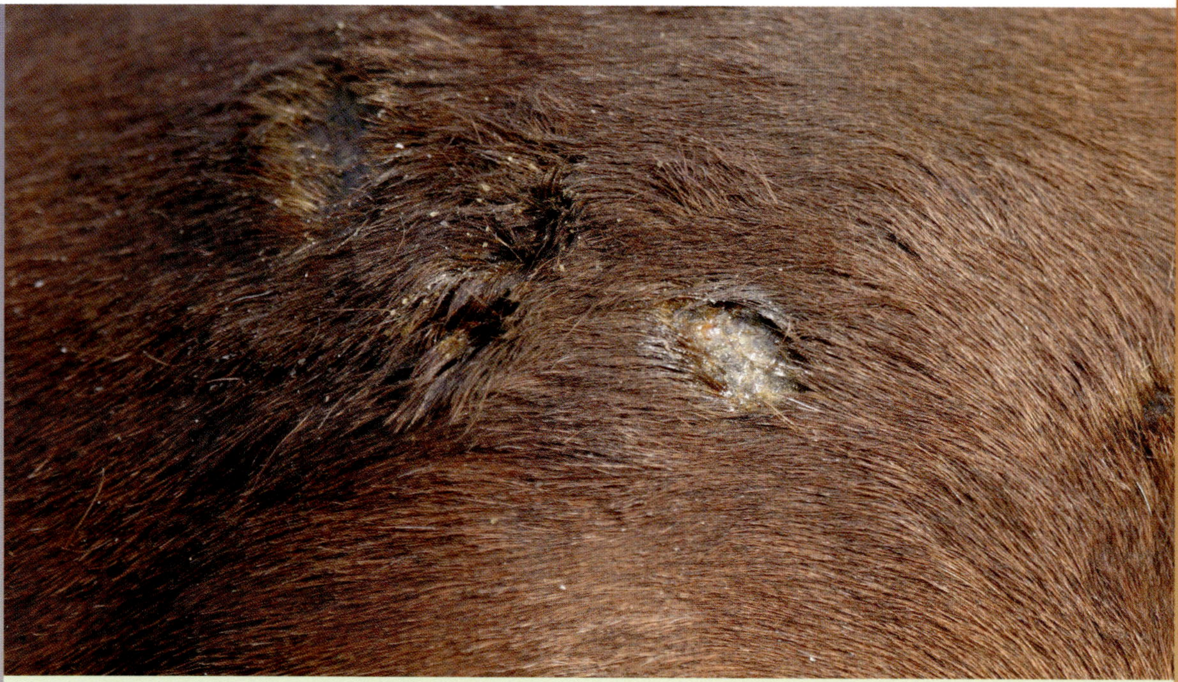

Solche Hautbeschädigungen sind typische Auffälligkeiten des Sommerekzems. (Foto: Tierfotoagentur.de)

Jede Behandlung muss, wenn sie zum Erfolg führen soll, von flankierenden Maßnahmen in Management, Haltung und Fütterung begleitet sein.

Möglichkeiten in der Behandlung des Sommerekzems

Veränderung der Allergiebereitschaft (Immunmodulation) – der intelligente Weg, das Übel an der Wurzel zu packen.

Möglich ist auch auf systemischer Ebene ein Unterdrücken des Immunsystems (Immunsuppression), zum Beispiel durch Kortikoide; das hilft allerdings immer nur kurzfristig und ist nicht nebenwirkungsfrei.

Vermeiden der Allergenexposition: Das heißt, man sorgt dafür, dass die Insekten auf keinen Fall an das Pferd kommen. Das gelingt allerdings immer nur unzureichend.

Behandeln der Symptome. Durch Aufbringen juckreizstillender und heilungsfördender Salben und Lotionen verbessert man so den Zustand seines Pferdes.

A: Unbehandelt können ausgeprägte Symptome zu erheblichem Leiden und zu einer Unreitbarkeit des Pferdes führen. Eine Heilung ist bis heute nicht möglich.

Nesselfieber (Urtikaria)

Id: Nesselfieber ist die häufigste immunologische Hauterkrankung beim Pferd. So ein Nesselfieber ist fast immer ein sehr schnelles Geschehen.

Sy: Plötzlich ist das Pferd übersät mit einem Ausschlag deutlich erhabener Flecken. Diese Flecken sind meist ringförmige Ödeme in der Haut. Oberhaut und Haare bleiben dabei zuerst völlig intakt, Juckreiz ist meist primär auch nicht vorhanden. Die Quaddeln können sich in ihrer Form verändern, und so werden aus einzelnen runden Ringen zusammenfließende Muster auf dem Pferd. Hält die Reaktion an, so werden die Quaddeln dicker, und es kann Serum austreten; das verklebt dann und verursacht Krusten und Juckreiz. Die gesamte Überreaktion kommt zustande, weil in der Haut befindliche Immunzellen, die Mastzellen, degranulieren. Sie überreagieren und setzen massiv Entzündungsmediatoren frei. Auslöser für diese Überreaktion können ganz verschiedene Dinge sein. Insektenstiche können so ein Nesselfieber auslösen, aber auch Futterunverträglichkeiten, Arzneimittel oder Infektionen.

Rk: Man sollte immer versuchen, die Ursache herauszufinden. Meist verschwinden die Symptome innerhalb weniger Stunden bis maximal einzelner Tage wieder ebenso schnell, wie sie gekommen sind. Selten kommt die Erkrankung zurück oder heilt gar nicht erst ab. Diese Fälle machen ziemlich hilflos, weil selbst Corticoide oft nicht helfen. Nesselfieber muss nur behandelt werden, wenn die Erhebungen viel seröses Sekret abgeben.

Nesselfieber ist eine Allergie und zeigt sich in großen Quaddeln, die unmittelbar nach dem Kontakt mit dem Allergen entstehen. (Foto: Slawik)

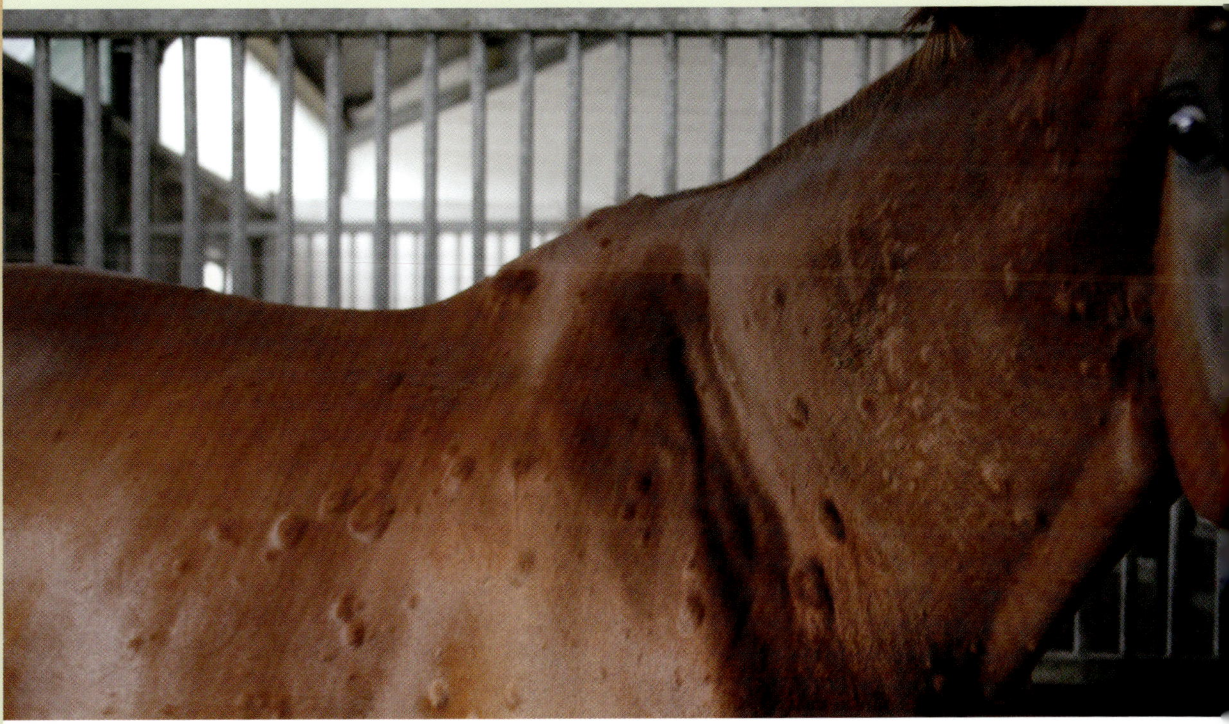

Fotosensibilität

Id: Eine Fotosensibilität (Ekzema solare) unterscheidet sich vom einfachen Sonnenbrand (Dermatitis solaris) durch die Beteiligung fotodynamischer Substanzen. Das Pferd nimmt meist auf der Weide solche fotodynamischen Substanzen auf. Solche Stoffe sind zum Beispiel in einigen Kleesorten, in Luzerne, in Wicken, in Bucheckern und in Jakobskreuzkraut.

Sy: Die aufgenommenen fotodynamischen Substanzen gelangen mit dem Blut in Areale unpigmentierten Fells (Abzeichen an Kopf und Beinen). Hier treffen sie auf Sonnenlicht und verursachen die entzündlichen Reaktionen der Haut. Das ist die primäre Fotosensibilität.

Die sekundäre Fotosensibilität hat ihre Ursache in einem – möglicherweise ebenfalls von Pflanzengiften verursachten – Leberschaden. Durch fehlerhaften und ungenügenden Abbau des Chlorophylls der gefressenen Pflanzen kursiert im Blut Phylloerythrin als fotodynamische Substanz. Dieses Phylloerythrin kann an unpigmentierter Haut gemeinsam mit Sonneneinstrahlung zu erheblichen Entzündungen führen.

Rk: Bei der Behandlung der Fotosensibilität ist ein Abstellen der Ursache zuerst erforderlich. In allen Fällen soll mittels einer Blutprobe die Leberfunktion kontrolliert werden. Leberschäden sollen, so weit möglich, geheilt werden. Eventuell ist eine Untersuchung der Weide oder des Raufutters nötig.

Die wunde Haut kann vorsichtig mit pflegenden Salben, wie etwa Zinklebertransalbe, abgedeckt werden. Weitere Sonneneinstrahlung sollte nach möglichkeit eine Weile vermieden werden.

Im Einzelfall kann es erforderlich sein, systemisch schmerzstillende und entzündungshemmende Medikamente einzusetzen. Bei tieferen Hautschädigungen, vor allem an den Beinen, kann es sinnvoll sein, zur Prophylaxe bakterieller Sekundärinfektionen Antibiotika einzusetzen.

Mauke

Id: Mauke ist ein Sammelbegriff für Erkrankungen der Fesselbeugen.

Sy: Beginnend mit leichten Reizungen der weichen Haut der Fesselbeugen entwickeln sich Wärme,

Mauke kann sich auch auf die Haut der Fesseln ausdehnen. (Foto: Tierfotoagentur.de)

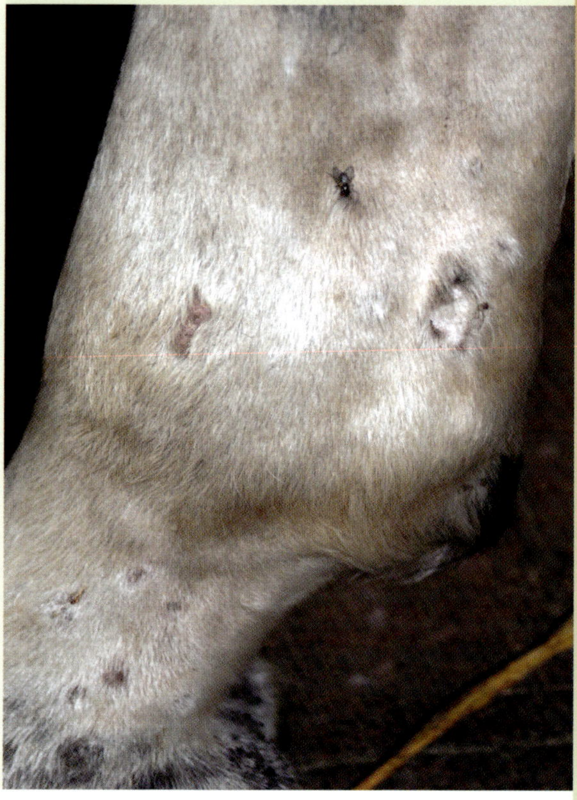

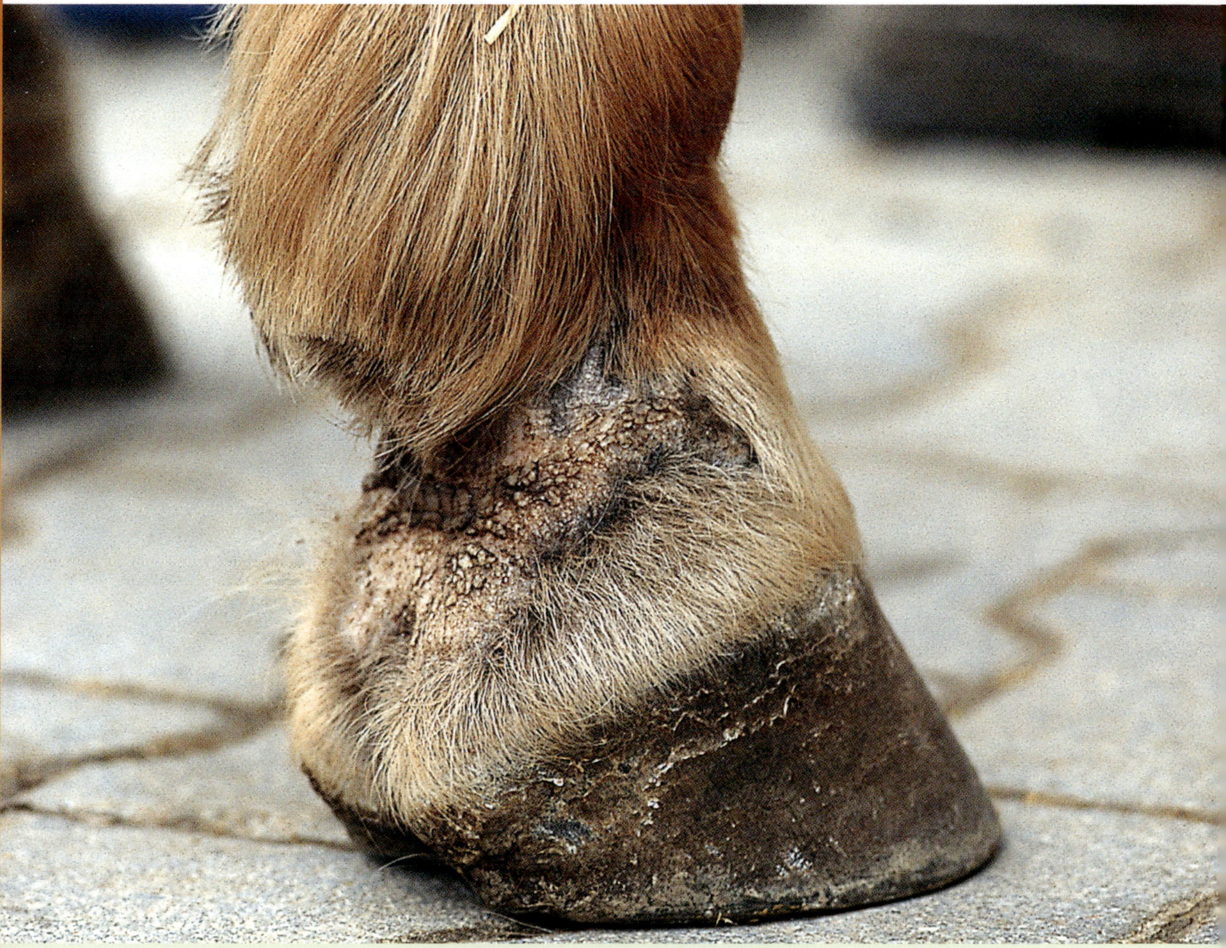

So sieht eine typische feuchte Mauke in der Fesselbeuge aus. (Foto: Slawik)

Schwellungen, Schmerz und Wundsein. Eine innere Erkrankungsbereitschaft und äußere Reize durch Nässe, Schmutz, piksende Einstreu oder auch Streusalze kommen zusammen. Sicher gibt es auch einen Zusammenhang zwischen der Fütterung und diesem Fesselbeugenekzem.

Auf vorgeschädigter Haut finden dann Bakterien einen idealen Nährboden. So haben wir schließlich eine hartnäckige und schlecht zu behandelnde Hauterkrankung mit vielen Ursachen.

Eine spezielle Form der Mauke tritt oft bei Tinkern und anderen Pferden mit viel Behang auf. Hier sind Milben, die tief in der Haut in den Haarbälgen leben, an der Erkrankung beteiligt.

Rk: Das Herausfinden und Abstellen der Ursache steht im Vordergrund. Tägliches Waschen muss unbedingt unterbleiben. Einmalige Waschungen mit speziellen medizinischen Shampoos sind sinnvoll, um den Bereich einmal sauber zu bekommen. Gezielte

Pflege mit geeigneten Salben unterstützt die Abheilung. Die Haare des Kötenzopfes sollen geschont werden, sie haben eine schützende Funktion und schaffen abgeschnitten sonst auch einen zusätzlichen Reiz durchs Nachwachsen.

P: Hygiene und angemessene Fütterung beugen dem Entstehen von Mauke effektiv vor.

Melanome

Id: Melanome sind an und für sich gutartige Tumoren. Sie wachsen zuerst auch ganz langsam und sie metastasieren nicht. Leider kann es auch nach langem Ruhezustand dazu kommen, dass ein ehemals gutartiges Melanom bösartig wird oder sich zu einem Melanosarkom, das auch bösartig ist, verändert.

Dieses Pferd hat einen großen Tumor, der ihm jedoch keine Schmerzen verursacht und mit dem es gut leben kann, wie man am ausgelassenen Spiel mit dem Artgenossen erkennt. (Fotos: Hoppe)

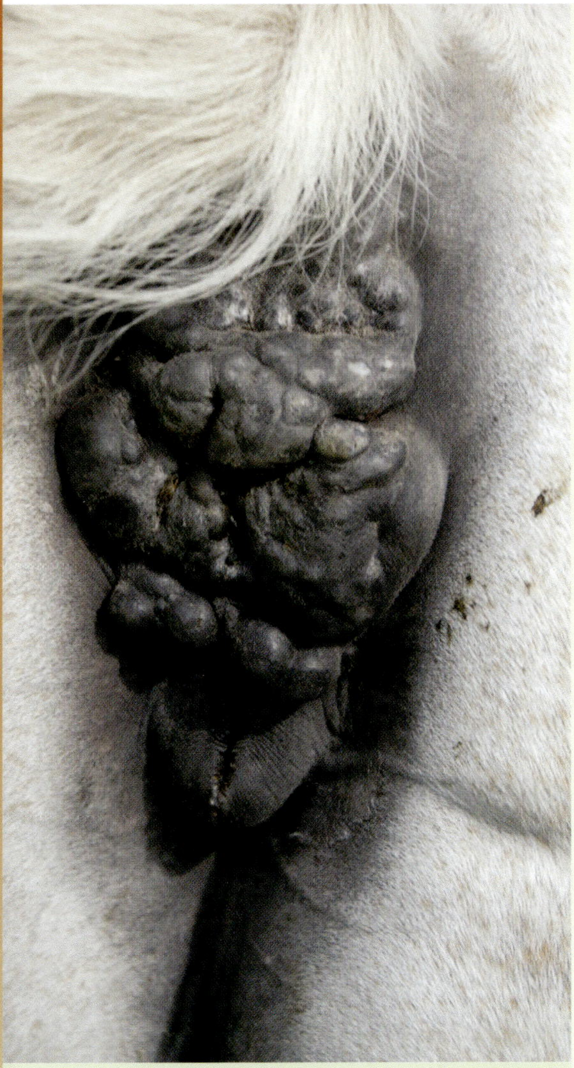

Wenn Tumoren wie auf diesem Foto normale Körperfunktionen beeinträchtigen, muss eine Erlösung des Pferdes in Erwägung gezogen werden. (Foto: Slawik)

Diese Veränderungen sind oft Folge einer Irritation des schlafenden Tumors, etwa einer Verletzung. Mit aus diesem Grund sollte man nicht unbedingt Biopsien nehmen. Melanome findet man oft bei Schimmeln, Schecken und grauen Pferden, grundsätzlich aber bei allen Rassen, allen Farben und allen Geschlechtern. Je älter weiße Pferde werden, umso häufiger haben sie Melanome. Mehr als zwei Drittel aller Schimmel über fünfzehn Jahre haben Melanome.

Sy: Melanome sitzen meistens als knotige, zum Teil dunkle und unbehaarte Veränderungen im Bereich der Ohrspeicheldrüse, um den After herum, an der Schweifunterseite und auf dem Damm, der Hautpartie unterhalb des Afters.

Die chirurgische Entfernung so eines Tumors wird versucht, wenn er zu groß wird oder stört. Sehr häufig ist ein Entfernen allerdings gar nicht möglich, da der Tumor zu dicht am Venendreieck (Ohrspeicheldrüse) oder zu fest und flächig aufsitzt (Schweifunterseite). Versuche der Tumorbehandlung mit Cimetidin oral bringen nur bei einigen schnell wachsenden Tumoren Erfolge. Da solche Tumoren nicht wehtun und langsam wachsen, ignoriert man sie am besten, solange sie keine Beeinträchtigung darstellen.

A: Im schlimmsten Fall beeinflussen die Tumoren irgendwann durch den Raum, den sie in Anspruch nehmen, normale Körperfunktionen. Wenn sie das Pferd stark beeinträchtigen, sollte man es erlösen. Tumoren selbst sind in aller Regel nicht schmerzhaft. Sehr viele Pferde leben lange Zeit, zum Teil mehr als zehn Jahre mit Tumoren, die von uns täglich voller Sorge betrachtet werden, ohne das sie das Pferd selber stören. Tumoren unter der Schweifrübe können sogar an ihrer Oberfläche aufgehen, ohne das dies vom Pferd als störend empfunden wird. Im Sommer legen dann Fliegen ihre Eier dahinein. Natürlich erfordern lebende Maden im Tumor beherztes und umfassendes Eingreifen, Säubern und Pflegen.

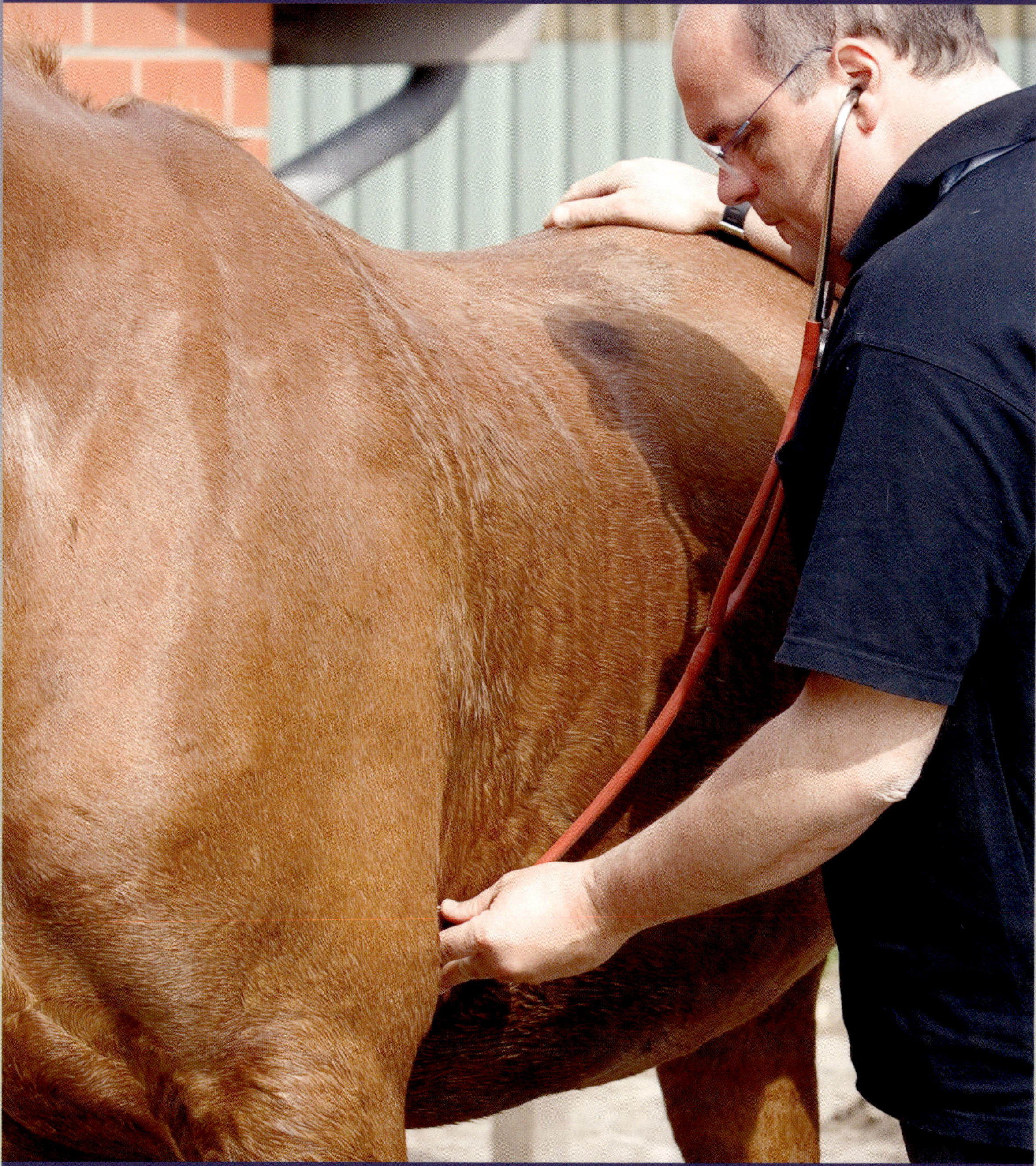

Das Herz wird durch Abhorchen mit dem Stethoskop untersucht. Drei der vier Punkta maxima der Herzaktion hört man an der linken Körperseite. (Foto: JBTierfoto)

Erkrankungen des Herzens

Bei Entzündung oder Verschluss einer Halsvene staut sich Flüssigkeit im Bereich von Kopf und Ganasche. (Foto: Hoppe)

Herzrhythmusstörungen

Id: Zeitweilig oder dauerhaft kommt es im Ruhezustand und oder unter Belastung zu Unregelmäßigkeiten im Herzschlag.

Sy: Zeitweilig kann es während schweren Kolikerkrankungen zu sekundären Rhythmusstörungen kommen. Rhythmusstörungen im Ruhezustand bei Leistungspferden, die in der Belastung verschwinden, sind in aller Regel unbedenklich. Erworbene Rhythmusstörungen, die auch oder nur unter Belastung auftreten, sind krankhaft und leistungsbeeinträchtigend. Die Untersuchung durch Abhorchen im Ruhezustand und unmittelbar nach der Belastung ergibt einen von der Norm abweichenden Befund. Herzultraschall und EKG präzisieren die Diagnose. Herzmuskelschäden entstehen nach Sauerstoffmangel, infolge von Infektionen oder Wurmbefall. Infolge von Herzerkrankungen kommt es zu Leistungsabfall, erhöhter Herzfrequenz, erhöhter Atemfrequenz, Ödemen und deutlichem Nachschwitzen.

Rk: Gezielte Herzuntersuchungen können den Schaden im Hinblick auf Belastbarkeit und Behandelbarkeit einschätzbar machen.

Die Behandlung erfolgt mit Herzglycosiden, ACE-Hemmern, phytotherapeutisch (Crategutt) oder durch Akupunktur.

Beim Abhorchen an der Luftröhre können auch weitergeleitete Geräusche von den Bronchien gut gehört werden.
(Foto: JBTierfoto)

Erkrankungen der Atemwege

Erkrankungen der Atemwege kommen akut und chronisch vor. In einigen Fällen haben solche Erkrankungen genau einen infektiösen Grund, ein Virus oder ein Bakterium. Diese Erkrankungen sind im Kapitel „Infektiöse Erkrankungen“ bereits vorgestellt. Sehr oft haben Atemwegserkrankungen aber mehrere Ursachen. Einer Virusinfektion kann eine bakterielle Sekundärinfektion folgen. Infektionen können chronische Verläufe nach sich ziehen. Allergien entstehen nach Erkrankungen oder unter bestimmten Umwelteinflüssen. Einer der wichtigsten Aspekte im Zusammenhang mit Atemwegserkrankungen ist die pferdefreundliche Haltung mit ausreichend frischer Luft, genug Bewegung und geringer Belastung durch Staub, Schimmelpilze und reizende Stoffe. Veränderungen können an verschiedenen Stellen in den Atemwegen vorkommen.

Erkrankungen, die an den Nüstern zu sehen sind

Nasenkatarrh

Id: Reizung der Nasenschleimhaut im Rahmen eines Infektes der oberen Atemwege oder selbstständig bei sehr kaltem Wetter, Rauch, reizenden Stoffen oder Allergien.

Sy: Beidseitiger wässriger, nicht farbiger Nasenausfluss, Reizungen der Haut an den Nüsternrändern möglich.

Rk: Heilt als isolierte Erkrankung innerhalb weniger Tage ab. Hautpflege bei Reizungen ist sinnvoll.

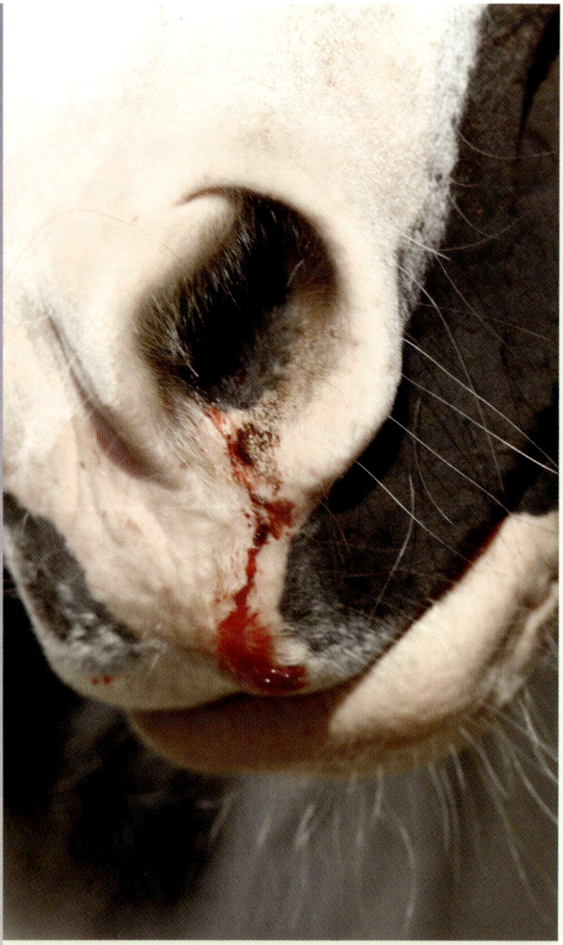

Nasenbluten kann unterschiedliche Ursachen haben. Wenn das Pferd viel Blut verliert, sollte sofort ein Tierarzt gerufen werden. (Foto: Dr. Ende)

Nasenbluten

Id: Hellrotes bis bräunliches Sekret aus einer oder beiden Nüstern.

Sy: Bei starkem Nasenbluten hellroten Blutes sollte für die eigenen Nerven und um den Blutverlust des Pferdes abzuschätzen ein Eimer zum Auffangen des Blutes verwendet werden. Blutungen, die sporadisch oder nur aus einer Nüster auftreten, sind besser zu beurteilen, wenn sorgfältig beobachtet wird, zu welchen Gelegenheiten und in welcher Farbe sie vorkommen. Einmaliges Nasenbluten kann eine nicht auffindbare Ursache haben und harmlos sein.

Verletzungen in einem Nasengang, Verletzungen des Siebbeins, Blutungen eines Siebbeinhämatoms (Tumor!) und Blutungen aus dem Luftsack sind einseitig, Blutungen aus der Lunge (belastungsinduziert?) beidseitig.

Rk: Bei erheblichem Blutverlust benötigt das Pferd gleich einen Tierarzt. Bei sporadischen, wiederholten Blutungen sollte mit einem Endoskop untersucht werden, das geht besser, wenn es gerade nicht blutet. Oft ist es sinnvoll, ein Blutbild erstellen zu lassen. Therapie nach Abklärung der Ursache.

Veränderungen an Gaumensegel und Kehlkopf

Id: Das Gaumensegel ist sozusagen die Weiche zwischen Atem und Verdauungstrakt vor dem Kehlkopf. Ein Gaumensegel kann angeboren zu lang sein und Atemgeräusche verursachen. Ein anatomisch normales Gaumensegel kann sich bei starker Belastung des Pferdes mit einer Kopfhaltung hinter der Senkrechten (Verpullen) kurzfristig vor den Kehlkopf legen.

Sy: Das Pferd bekommt dann keine Luft mehr, taumelt und fällt um.

Rk: Das Gaumensegel gibt meist allein den Weg wieder frei, Zug an der Zunge und Strecken des Kopfes können helfen. Bekommt das Pferd wieder Luft, steht es meistens sehr spontan und unkontrolliert auf.

Eventuell kann man es daran noch einen Moment hindern (auf den Hals setzen), um Verletzungen zu vermeiden (etwa, wenn noch eine Kutsche dranhängt).

A: Gaumensegelverlagerungen, die einmal passiert sind, können immer wieder vorkommen. Veränderungen im Training oder an der Zäumung können Abhilfe schaffen. Wiederholten Verlagerungen und zu langen Gaumensegeln kann chirurgisch begegnet werden.

Kehlkopfpfeifen

Id: Lähmung eines (meist des linken) Stimmbandes. Verursacht durch eine Schädigung des autonomen Nervs, der für den Muskel zuständig ist, durch den der Kehlkopf erweitert wird.

Sy: Atemgeräusche beim Einatmen, die vor allem in höherer Gangart und auf tiefem Boden hörbar sind. Endoskopisch feststellbare Erschlaffung des Stimmbandes.

Rk: Meist stellt diese Erkrankung keine Beeinflussung der normalen Arbeit da. Sind Pferde in ihrer Leistungsfähigkeit beeinträchtigt, so kann man erfolgreich operieren. Dabei wird nicht der Nerv repariert, sondern die Kehlkopffunktion wiederhergestellt.

In der Entstehung des Kehlkopfpfeifens kann durch Homöopathika (zum Beispiel Causticum) und B-Vitamine manchmal ein Schaden abgewendet werden.

Kehlkopfentzündung (Laryngitis)

Id: Entzündung der Schleimhäute der oberen Atemwege und des Kehlkopfs.

Sy: Trockener, hartnäckiger Husten bei gestreckter Kopfhaltung. Husten beim Abknicken im Genick (Zügel aufnehmen, erstes Antraben), beim Fressen und bei Druck auf die Kehlkopfumgebung von außen. Die endoskopische Untersuchung kann die Verdachtsdiagnose bestätigen.

Rk: Ursachen abstellen, ausreichend lange Ruhe geben und wenigstens für die Zeit der Erkrankung die Haltungsbedingungen optimieren. Immunsystem stärken. Homöopathisch zum Beispiel Causticum, Apis, Phytolacca. Inhalieren bringt Erleichterung.

Erkrankungen im Bereich der Lunge

Akute Bronchitis

Id: Die akute Bronchitis ist eine Entzündung der tiefen Atemwege. Gemeinsame Entzündung von Bronchien und Lunge bezeichnet man als Bronchopneumonie, Entzündungen des gesamten Atemtraktes als Tracheobronchitis. Auslöser sind meist Viruserkrankungen (siehe dort).

Sy: Husten, Nasenausfluss und Fieber. Es wird vermehrter und zähflüssiger Schleim produziert. In der Muskulatur entstehen Spasmen. Beim Abhören ist über den Bronchien ein Atemgeräusch hörbar.

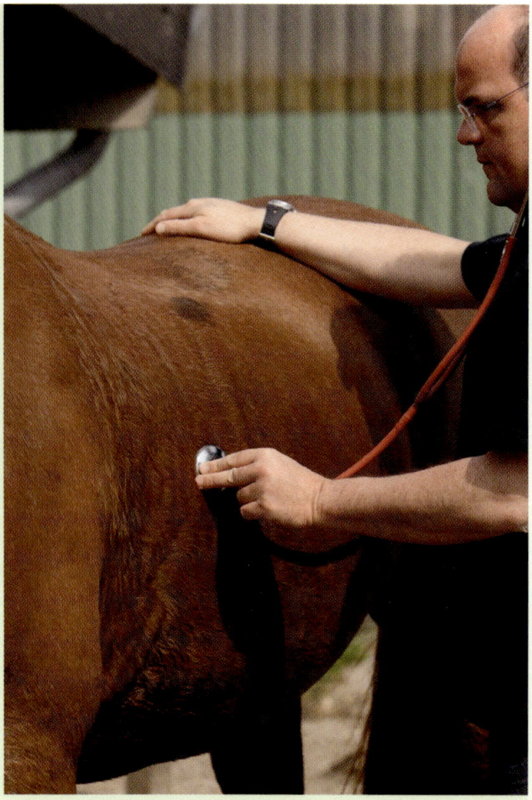

Bei einer umfassenden Untersuchung sollte die Lunge in verschiedenen Bereichen und auf beiden Körperseite abgehorcht werden. (Foto: JBTierfoto)

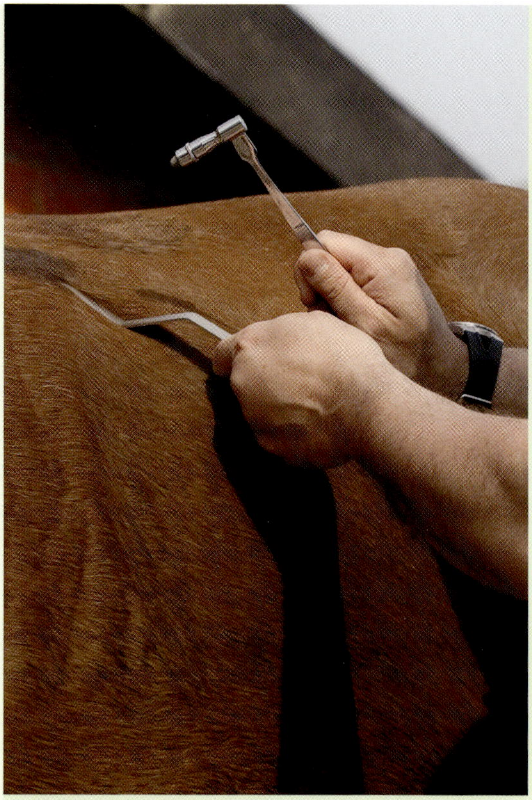

Das Abklopfen des Lungenbereichs gibt Aufschluss über eine mögliche Vergrößerung des Lungenfeldes. (Foto: JBTierfoto)

Rk: Ruhe, Behandlung mit Schleimlösern, Schleimbewegern und Bronchien erweitern. Eventuell sind Antibiotika notwendig.

A: Schonung und Behandlung müssen über die klinische Abheilung hinaus ausreichend lange fortgesetzt werden. Verschleppte akute Entzündungen der Atemwege sind die Hauptursache für chronische Atemwegsaffektionen.

Chronische Bronchitis, COPD (Chronic Obstructive Pulmonary Disease)

Id: Diese Erkrankung kann sich unabhängig von den auslösenden Faktoren langfristig weiter entwickeln.

Sy: Im Verlauf der Erkrankung kommt es zu einer dauerhaften Schädigung der Atemwegsschleimhäute, zur Produktion von minderwertigen Sekreten und zur Verengung der Bronchien. Durch das aktive Einatmen kommt mehr Luft in die einzelnen Lungenbläschen als beim passiven Ausatmen unter mangelnder Elastizität des Lungengewebes ausgeatmet wird. Daraus entstehen Überdehnungen und schließlich Kollaps von einzelnen Lungenbläschen, eine Erweiterung des gesamten Lungenfeldes und eine Zuhilfenahme der Bauchmuskulatur zum Ausatmen. Infolge der Muskelzubildung am Bauch entsteht die Dampfrinne als äußeres Kennzeichen des chronisch lungenkranken Pferdes. Eine Erhöhung der Atemfrequenz und ein Abfall der Leistungsbereitschaft sind oft die Folgen. Zum Teil kommt es zu asthmaähnlichen Anfällen von Atemnot.

Rk: Lebenslange Haltungsoptimierung und reaktives Anpassen von Bewegung, Medikamenten, Inhalation und sportlichem Einsatz erfordern Aufmerksamkeit und Fleiß.

A: Die Erkrankung ist nicht heilbar. Unter guten Bedingungen sind außerhalb des Hochleistungssportes chronisch lungenkranke Pferde durchaus reitbar.

Allergien

Id: Fehlleistungen des Immunsystems führen zu übertriebenen Reaktionen auf verschiedene Substanzen. Pferde mit Atemwegsproblemen sind zum Beispiel allergisch gegen Milben und Schimmelpilze. Folge kann ebenfalls die beschriebene COPD sein.

Sy: Wiederkehrende Atemwegssymptomatik ohne Fieber. Nicht ansteckend und in der Regel von farblosem Nasenausfluss und Husten begleitete Erkrankung.

Rk: Ursache herausfinden und abstellen. Die Haltungsverbesserung kann oft dauerhaften Erfolg versprechen, die Allergie bleibt darunter aber erhalten. Es ist darauf zu achten, dass der Kontakt mit Heustaub und Pilzsporen vermieden wird.

Bei allergischem Husten hat das Pferd keinen oder nur wässrigen Nasenausfluss. (Foto: Bosse)

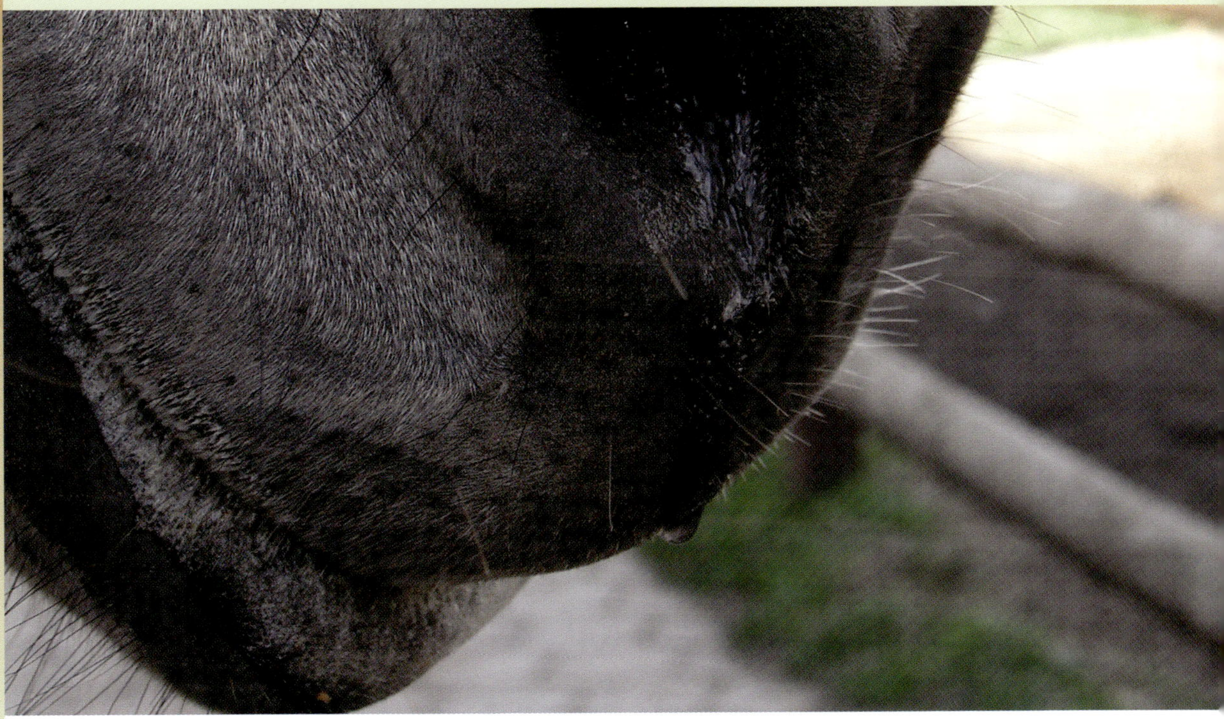

Zahnhaken sollten regelmäßig abgeschliffen werden. Sie sollten bei Ihrem Pferd einmal im Jahr eine Kontrolle des Gebisses durchführen lassen. (Foto: Hoppe)

Erkrankungen im Bereich des Mauls

Zahnhaken

Id: Durch den Abrieb der Zähne beim Kauen kann es zu überstehenden Haken, Spitzen und Kanten im Maul kommen.

Sy: Die Reibung der Zahnflächen von Ober- und Unterkiefer ist unvollständig oder eingeschränkt. Im Oberkiefer befinden sich die Veränderungen meist außen und können die Wangenschleimhaut verletzen. Fehlerhaftes Kauen kann Koliken verursachen.

Durch Schmerzen beim Annehmen des Gebisses beim Reiten oder Fahren kommt es zu Schiefhaltungen des Kopfes. Auch geringe, fast unbemerkte Veränderungen der Kopfhaltung können Verspannungen der Hals- und Rückenmuskulatur und Veränderungen in Leistungsbereitschaft und Gangbild verursachen.

Rk: Mindestens einmal im Jahr, bei Verdacht oder unregelmäßigen Gebissen öfter die Zähne kontrollieren lassen.

Veränderungen während des Zahnwechsels

Bis zum Alter von etwa sieben Jahren werden beim Pferd Zähne gewechselt und in ihre Position geschoben. Veränderungen, wie überzählige Zähne oder nicht korrekt gewechselte Zähne, werden ebenso wie verbleibende Milchkappen in der jährlichen Zahnkontrolle gefunden.

Wolfszahn

Id: Einige Pferde besitzen noch den ersten Vorbackenzahn des Oberkiefers auf einer oder beiden Seiten.

Sy: Er ist unmittelbar am Ende des zahnfreien Bereichs zwischen Schneide und Backenzähnen gelegen. Man findet ihn als kleine Erhebung unter dem Zahnfleisch oder als backenzahnparallelen kleinen Stift. Einige Pferde stört dieser Zahn, wenn sie mit Gebiss gearbeitet werden.

Rk: Meistens kann so ein störender Zahn unter Betäubung im Stall gezogen werden. Manchmal ist ein Röntgenbild zur Lagen- und Größenbestimmung des Zahnes erforderlich. Nach der Extraktion kann das Pferd zehn bis 14 Tage nicht mit Gebiss gearbeitet werden.

Speicheldrüsenentzündungen

Id: Durch Fremdkörper oder Bakterien können sich die Speicheldrüsen beim Pferd entzünden.

Sy: Auffälliges Verhalten beim Fressen und größere Mengen meist zähflüssigen Speichels machen auf das Problem aufmerksam.

Rk: Mit einem Maulgatter muss vom Maul aus auf eventuelle Fremdkörper hin untersucht werden. Bei Vorliegen von Fieber muss oft antibiotisch behandelt werden.

Die beidseitige Schwellung der Ohrspeicheldrüsen ohne Fieber und Verhaltensänderungen ist sehr häufig nur ein Stauungsödem, das Pferde zum Beispiel bekommen, wenn sie sehr kurzes Gras fressen. Es verschwindet nach Bewegung und Kauen von langstieligem Raufutter von allein.

Wenn beim Kauen des Heus solche Rollen entstehen, ist eine Zahnuntersuchung und Behandlung beim Pferd dringend erforderlich. (Foto: Bolze)

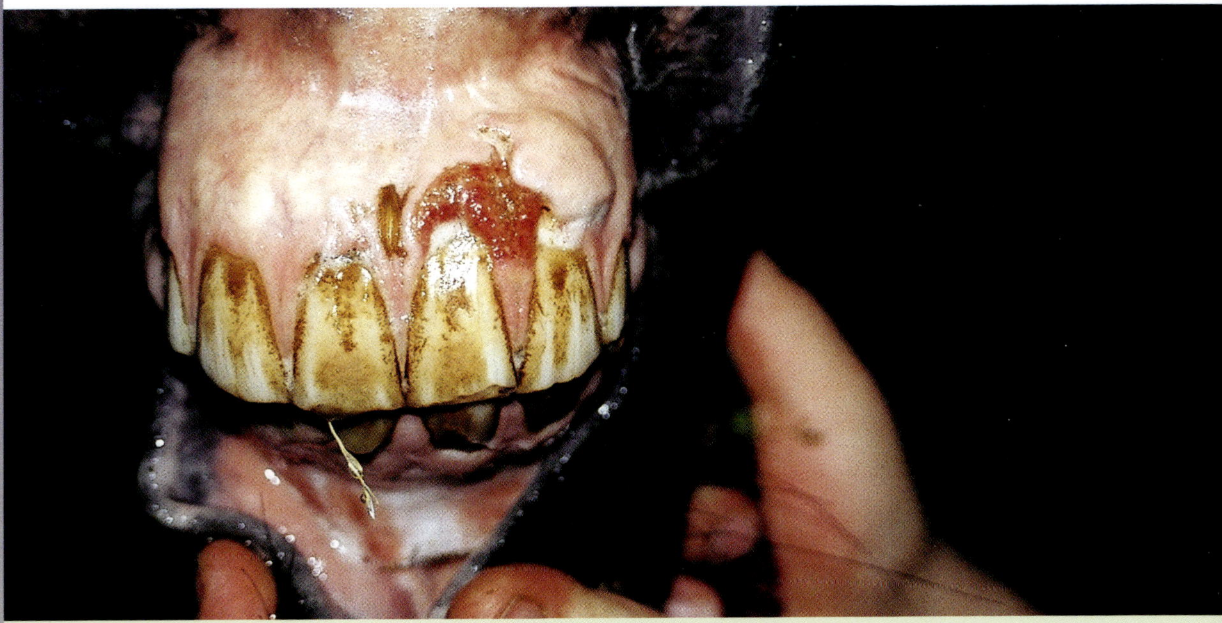

Hier ist über dem Schneidezahn eine Zahnfleischentzündung erkennbar, die dringend behandelt werden muss, da sie sehr schmerzhaft ist und zudem Zahnwurzel und Kieferknochen in Mitleidenschaft ziehen kann. (Foto: Dr. Kreling)

Neben den genannten Erkrankungen können außerdem Zahnfleischentzündungen auftreten, die durch Verletzungen, Keime oder die Aufnahme von reizenden Substanzen entstehen können. Da sich Zahnfleischentzündungen auf den Kieferknochen und die Zahnwurzel ausdehnen können, ist besondere Vorsicht geboten. Der Tierarzt säubert den erkrankten Bereich und behandelt meist mit Antibiose.

Die empfindlichen Lefzen des Pferdes können sich, vor allem nach Verletzungen, ebenfalls entzünden. Dieser Zustand ist für das Pferd sehr schmerzhaft und häufig ein Grund dafür, dass sich das Pferd gegen das Gebiss wehrt.

Wird ein Pferd an der Trense angebunden und versucht sich loszureißen, kann es sogar zu starken Zungenverletzungen und Brüchen des Unterkiefers kommen. Bei Verletzungen des Mauls sollte das Pferd bis zur Abheilung nur mit gebissloser Zäumung geritten werden. Heilsalben unterstützen die Heilung. Bisse oder eine falsch oder zu lange Zeit angelegte Nasenbremse können zu Lippenverletzungen des Pferdes führen. Diese Verletzungen müssen häufig genäht werden, eine Funktionseinschränkung der Oberlippe kann die Folge sein.

Durch scharfkantige Gebisse, aber auch bei der Aufnahme reizender Stoffe kann die Zunge des Pferdes in Mitleidenschaft gezogen werden. Die Heilungschancen sind gut, das Pferd sollte aber auch hier bis zur völligen Aheilung ohne Gebiss geritten werden.

Wenn Fremdkörper die Zunge verletzen kann durch eine Infektion ein sogenannter Abszess entstehen, in dem sich Eiter ansammelt. Hier ist tierärztliche Behandlung dringend erforderlich. Der Abszess wird eröffnet und die meist stark angeschwollene Zunge mit Wasser gekühlt.

Wälzen kann Anzeichen von Wohlbefinden oder Bauchschmerzen sein, an Ausdruck und das Verhalten des Pferdes kann man erkennen, ob es ihm gut geht oder nicht. (Foto: Hoppe)

Erkrankungen des Magen-Darm-Traktes

Die im Folgenden beschriebenen Erkrankungen sind nahezu ausnahmslos lebensbedrohliche Notfälle!

▶▶ Schlundverstopfungen

Id: Verlegung der Speiseröhre durch feste oder quellende Futterbestandteile. Bei zu hastigem Fressen oder der Aufnahme ungeeigneter Teilchengrößen kann Futter zwischen dem Abschlucken und dem Erreichen des Magens hängen bleiben. Das können Möhrenstücke sein, Knoblauchzehen, Weintrauben, Pfirsichkerne oder andere Fremdkörper ähnlicher Größe. Besonders gefährlich sind hastig gefressene Pellets oder schlecht eingeweichte Rübenschnitzel, da sie nach dem Hängenbleiben weiter quellen.

Der Schlund hat drei Stellen, an denen Verlegungen besonders leicht geschehen: Zuerst beim Eintreten der Speiseröhre in den Brustkorb, dann oberhalb des Herzens und schließlich unmittelbar vor dem Mageneingang beim Durchtritt durch das Zwerchfell.

Sy: Betroffene Pferde haben Angst, Atemnot und häufig Schweißausbrüche. Sie verkrampfen anfallsartig die Halsmuskulatur und husten. Typisch ist, wenn Futterbestandteile aus den Nüstern herauskommen.

Rk: Das Pferd benötigt schnell einen Tierarzt. Sagen Sie am Telefon: „Verdacht auf Schlundverstopfung" und nicht Husten, das ist sehr unterschiedlich dringend.

Bis zum Eintreffen des Tierarztes kann der Hals von oben nach unten massiert werden. Bieten Sie Wasser an und halten Sie zwei Eimer und mindestens zwei Hilfspersonen bereit, wenn der Tierarzt eine Nasenschlundsonde schieben möchte. Wenn sich Schlundverstopfungen nicht zu Hause lösen lassen, sollte das Pferd zügig in eine Klinik gebracht werden.

Zum Schieben einer Nasenschlundsonde wird das Pferd korrekt durch das Anlegen einer Nasenbremse fixiert. (Foto: Hoppe)

A: Versuchen Sie die Ursache der Schlundverstopfung herauszufinden. Hastiges Fressen und mangelhaftes Einweichen von Futter kann durch Managementveränderungen vermieden werden. Möhrchen sollte man, wenn man sie schneiden will, in Streifen schneiden, nicht in Stücke (die ähnlich einem Korken festsitzen können); Gebissfehler kann man behandeln. Bei sehr alten Pferden, die nicht mehr gut kauen können, kann Gemüse nach Passieren in der Küchenmaschine gefüttert werden.

Wiederholte Schlundverstopfungen können durch eine Aussackung im Schlund (Divertikel) entstehen oder auch die Entstehung einer solchen begünstigen. Betroffene Pferde müssen sehr vorsichtig gefüttert werden (kleine Breiportionen). Der Erfolg einer korrigierenden Operation ist fraglich.

Infolge von Schlundverstopfungen kann es durch Reizung und eingeatmete Futterbestandteile zu Problemen der Atemwege kommen. Bei massiven Schlundverstopfungen kommt es auch manchmal in den folgenden Tagen zu zum Teil gefährlichem Durchfall. Das behandelte Pferd muss also in der kommenden Zeit noch besonders gut beobachtet werden.

Magenüberladungen

Id: Ein Pferdemagen ist relativ klein und kann schnell zu voll werden. Da Pferde sich nicht übergeben können, besteht die Gefahr, dass ein überladener Magen reißt (Magenruptur). Magenüberladungen entstehen primär etwa zwanzig Minuten nach der Aufnahme zu großer Futtermengen oder sekundär durch Rückfluss von Nahrungsbrei aus dem Darm bei einigen Koliken.

Sy: Die Pferde zeigen deutliche Koliksymptomatik und schwitzen vor allem am Hals. Sie haben in der Regel einen deutlich erhöhten Puls. Plötzliche Besserung der Symptome kann ein Zeichen für eine Magenruptur sein!

Rk: Ein Tierarztbesuch ist dringend erforderlich. Durch Legen einer Magensonde kann spontan Druckentlastung herbeigeführt werden. Häufig ist ein Kliniktransport anschließend angeraten.

Magengeschwüre

Id: Viele Pferde entwickeln Magengeschwüre aufgrund von Stress (das kann sehr relativ sein), ungleichmäßiger Arbeitsbelastung, Fütterungsfehlern oder langen Hungerzeiten; mehr als sechs Stunden ganz ohne Raufutter ist nicht gut.

Sy: Die Symptome können sehr unspezifisch sein. Leistungsabfall, Unzufriedenheit, verändertes Fressverhalten (Krippe zugunsten des Raufutters verlassen, in Portionen fressen), vermehrtes Gähnen und Koliken können den Verdacht wecken. Die Untersuchung mit dem Gastroskop kann nach einer kurzen Hungerperiode sichtbar machen, wie die Magenschleimhaut aussieht.

Rk: Die Behandlung ist unbefriedigend, langwierig und teuer, aber ohne Alternativen. Es gibt Futterzusätze und Medikamente, die täglich über einen längeren Zeitraum gegeben die Abheilung ermöglichen. Die Fütterung muss angepasst und Stress reduziert werden.

A: Gastroskopische Kontrolluntersuchungen dokumentieren den Erfolg. Die Lebensfreude des Patienten steigt oft schon nach den ersten Behandlungstagen.

Koliken

Id: Kolik ist der Sammelbegriff für alle Schmerzen im Bauchraum. Schmerzen, die ihre Ursache im Darm haben, können sehr unterschiedliche Gründe haben. Es gibt Verkrampfungen (Krampfkoliken), Verlegungen des Darmes (auch durch Würmer), Verdrehungen, Verlagerungen (etwa über das Milznierenband), Verstopfungen, Einstülpungen und Störungen der Durchblutung einzelner Darmabschnitte.

Sy: Milde Koliksymptomatik zeigt sich in verändertem Verhalten, verändertem Kotabsatz, Verringerung des Appetits und häufigem Liegen. Milde Koliksymptome können eine lebensbedrohliche Erkrankung anzeigen, auch wenn sie völlig undramatisch erscheinen. Koliksymptomatik kann auch Hinwerfen, Wälzen, Scharren und Umsehen nach dem Bauch sein, das ist dann schon recht unübersehbar. Starke Schmerzen führen zu unkontrollierbarem Hinwerfen, Gegen-die-Wände-Drängen, Bewegungsdrang, Einnehmen einer

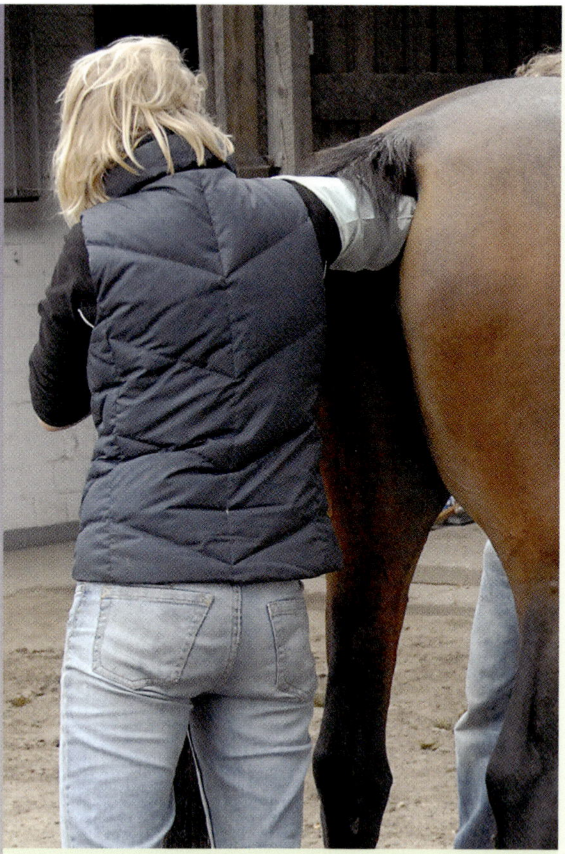

Im Rahmen der Kolikdiagnostik wird eine rektale Untersuchung durchgeführt. Das Anheben des Vorderbeines dient der Sicherheit der untersuchenden Tierärztin. (Foto: Hoppe)

Rückenlage und erheblichem Schwitzen. Die Diagnose ergibt sich nach der rektalen Untersuchung durch den Tierarzt.

Rk: Tierarzt dringend anrufen. Wenn es möglich ist, beschreiben Sie die Symptome so genau wie möglich; dazu gehören auch Pulsfrequenz, Vorhandensein von Darmgeräuschen, Krankheitsdauer und letzte Futteraufnahme. Jede Kolik ist ein lebensbedrohlicher Notfall oder kann einer werden. Bis zum Eintreffen des Tierarztes kann eventuell Colosan gegeben werden (Tierarzt fragen) und das Pferd im Schritt geführt werden, wenn das möglich ist. Das Bereithalten von Helfern, Eimern und einer Transportmöglichkeit kann sinnvoll sein.

Die Frage, ob eine Kolikoperation zur Lebensrettung gewagt werden soll, wenn zu erwarten ist, dass eine konservative Behandlung aussichtslos ist, sollte man besser in Ruhezeiten entscheiden. Zum einen kann man in Stresssituationen schlecht Entscheidungen treffen, und zum anderen ist das fair gegenüber denen, die Ihr Pferd betreuen, wenn Sie nicht da sind. Kolikoperationen werden in dafür spezialisierten

Bei den meisten Koliken sind Infusionen sinnvoll. Bei kleinen Mengen kann die Infusion mit der Hand gehalten werden. (Foto: JBTierfoto)

Kliniken durchgeführt und haben heute ziemlich gute Erfolge. Ein längerer Klinikaufenthalt und Kosten entstehen sicher.

Durchfall

Id: Breiiger oder wässriger Kot kommt beim Pferd relativ häufig vor. Daneben gibt es Pferde, die besonders in den Wintermonaten zu Kotwasser neigen.

Durchfall muss sehr ernst genommen werden. Bei diesem Fohlen ist starker Parasitenbefall die Ursache. (Foto: Dr. Ende)

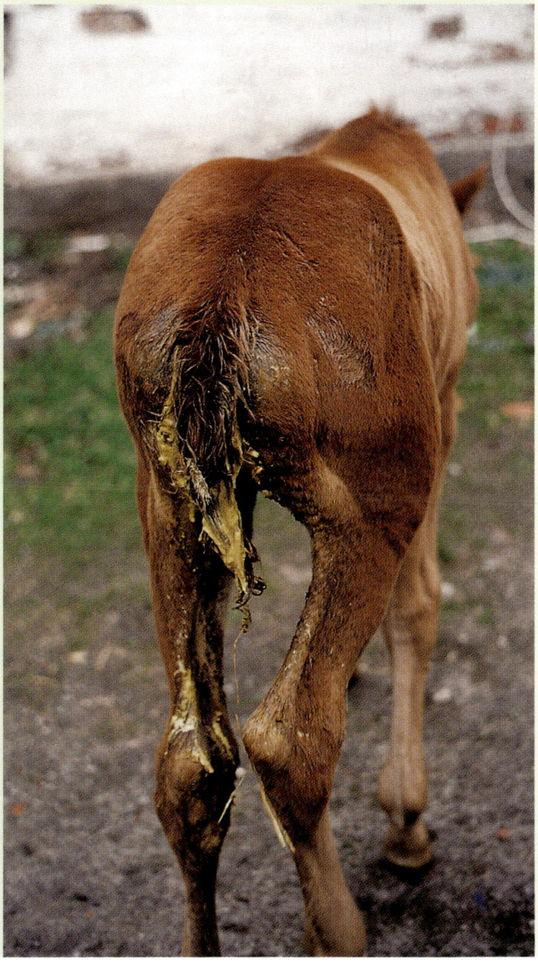

Sy: Ständig oder sporadisch veränderte Kotkonsistenz. Plötzliche heftige und stark riechende Durchfälle sind lebensbedrohlich!

Rk: Durchfall ist nie ganz harmlos. Es ist immer sinnvoll, nach der Ursache zu suchen und zu versuchen, eine Verbesserung der Darmfunktion zu erreichen. Kotuntersuchungen weisen auf Parasiten, hohe Sandanteile oder bakterielle Imbalancen hin.

Colitis X

Die Colitis X oder Thyphlokolitis bezeichnet eine Ansammlung von Symptomen einer schweren Entzündung von Teilen des Dickdarmes. Die Erkrankung verläuft hoch akut und ist sehr oft tödlich. Sie tritt sporadisch als heftige Kolik mit ausgeprägten Allgemeinsymptomen und erheblichem Durchfall auf. Ähnliche Symptome entstehen bei einer durch Salmonellen (junge Pferde) oder Ehrlichia (Potomac horse fever) verursachten Thyphlokolitis.

Die Colitis X gilt als idiopathisch und hat so keinen spezifischen Erreger. Beobachtungen haben in den vergangenen 45 Jahren zu einer Zusammenstellung von Schlüsselbefunden im Vorbericht erkrankter Tiere geführt. Stress jeder Art (Transporte, Operationen, Futterwechsel) zählen ebenso dazu, wie Parasitenbefall, Bakterien, Toxine und Medikamente. Die Diagnose erfolgt durch klinische und labormedizinische Untersuchungen. Die Behandlung ist konservativ möglich, jedoch arbeitsintensiv und teuer. Nur bei schneller Normalisierung der Kreislauffunktion unter der intensiven Therapie und ohne hohes Fieber ist die Prognose als günstig einzustufen. Bei zweifelhafter oder schlechter Prognose sollte die Therapie abgebrochen werden.

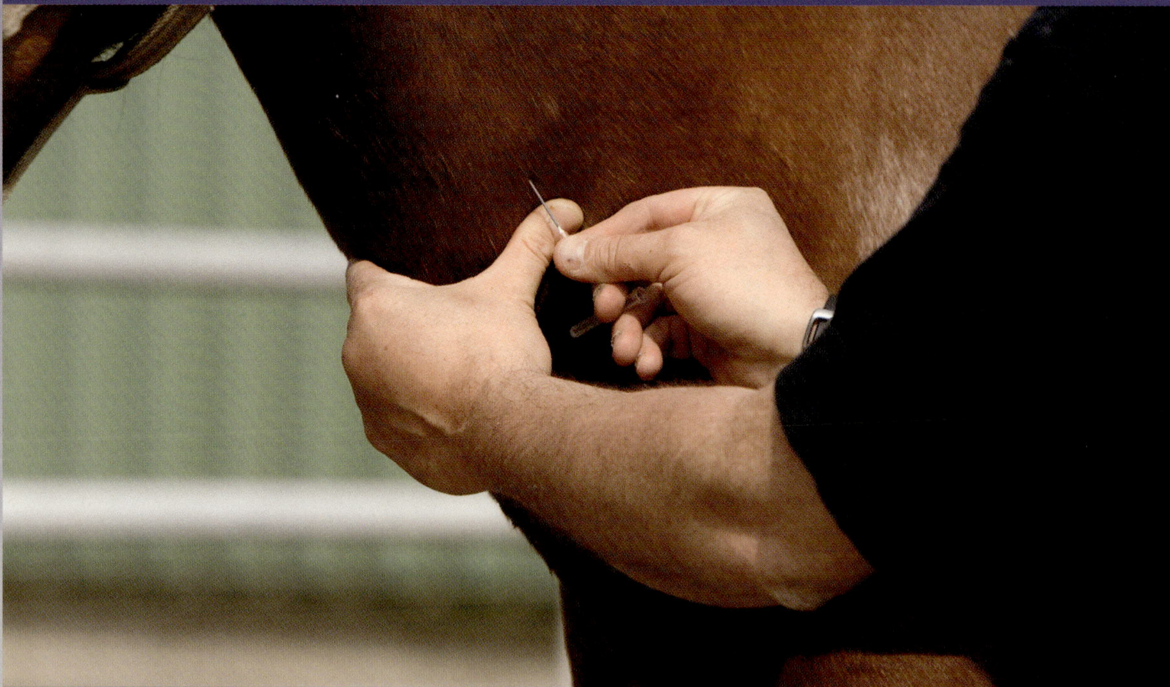

Lebererkrankungen können unter anderem durch veränderte Blutwerte festgestellt werden. Zur Blutentnahme wird meist die linke Halsvene punktiert. (Foto: JBTierfoto)

Erkrankungen der Leber

Die Leber ist für das Pferd ein zentrales und sehr wichtiges Stoffwechselorgan. Sie leistet einen wichtigen Beitrag zur gesunden Verdauung. Die Leber arbeitet als Speicherorgan, bei der Umwandlung von Nährstoffen, für die Entgiftung und in der Produktion von Harnstoff und Gallensäuren. Da die Leber so wichtig ist, ist es von Natur aus so eingerichtet, dass hier sehr effektiv gearbeitet wird. Bei Schädigungen und Erkrankungen wird weitergearbeitet (die gesunden Zellen arbeiten besonders aktiv), sodass Veränderungen erst spät auffallen. Nach außen hin funktioniert die Leber noch, wenn mehr als die Hälfte der Zellen nicht arbeitsfähig sind.

▶▶ Leberschäden

Id: Akute infektiöse Erkrankungen wie beim Menschen sind zum Glück selten. Akute Erkrankungen und chronische Störungen kommen infolge von Vergiftungen und Überlastungen vor.

Sy: Die Symptome sind oft nicht eindeutig. Eine sichtbare Gelbfärbung der Schleimhäute deutet auf erhöhtes Bilirubin hin und weist so auf die Leber. So eine Gelbfärbung entsteht allerdings auch, wenn ein Pferd einen Tag nichts frisst. Depression, Leistungsabfall, Verringerung von Appetit und Durst und verändertes Verhalten können eine Lebererkrankung anzeigen. Auch Koliken sind möglich.

Hautveränderungen an den weißen Abzeichen vor allem im Gesicht deuten auf eine Fotodermatitis hin, die Zeichen eines gestörten Leberstoffwechsels sein kann.

Veränderungen der Leberenzyme im Blut, ein Anstieg von Bilirubin, eine Veränderung bei den Gallensäuren oder eine Vermehrung von Ammoniak weisen in der Laboruntersuchung des Blutes auf eine Leberschädigung hin.

Rk: Wenn Anzeichen für einen Leberschaden erkennbar sind, sollten zuerst die Ursachen abgestellt werden (verschimmeltes Futter, Vergiftungen). Zur Schonung der Leber soll in vielen kleinen Portionen eiweißarm gefüttert werden (bei einigen chronischen Erkrankungen kann eine Diät mit einer Eiweißerhöhung später sinnvoll werden). Als Energieträger werden leicht verdauliche Kohlenhydrate genutzt (Mais, Rübenschnitzel). Sinnvoll können Eiweiße mit verzweigtkettigen Aminosäuren eingesetzt werden, da ihr Stoffwechsel in der Muskulatur und nicht in der Leber stattfindet (Hirsegras).

Zur kurzfristigen Unterstützung können sogenannte Leberschutzlösungen mit Aminosäuren als Tropf verabreicht werden. Die Therapie mit Organopräparaten ist sinnvoll. In der Nahrungsergänzung können phytotherapeutisch vor allem Mariendistel und Artischocke sinnvoll eingesetzt werden. Akupunktur und homöopathische Anwendungen unterstützen den Prozess, ohne die Leber zusätzlich zu belasten. Auch eine entgiftende Therapie und eine Darmsanierung werden angeboten.

P: Auf sauberes Futter, das frei von Giftpflanzen ist, sollte immer geachtet werden. Wenn bei der Beobachtung des Pferdes der Verdacht einer Leberbeeinträchtigung vorliegt, machen Sie unbedingt eine Kontrolle des Blutbildes.

A: Leberschäden sind oft schlecht beeinflussbar und nicht heilbar. Zerstörtes Gewebe ist häufig nicht regenerationsfähig. Durch Unterstützung der Leber und aufmerksames Beachten kann oft eine funktionelle Wiederherstellung erfolgen. Die – geschädigte – Leber macht normal und gut ihren Job, bleibt aber geschädigt und sollte Aufmerksamkeit (Blutbildkontrollen) und Schonung erwarten dürfen.

Leberversagen

Id: Notfälle, die Kolik oder manisches Verhalten zeigen können. Ursache ist oft die sogenannte Theilersche Krankheit

Sy: Blindheit, akute Depression, Gelbfärbung der Schleimhäute, verfärbter Harn und Kolik können Symptome eines Leberversagens sein.

Rk: Die Behandlung kann nur symptomatisch erfolgen. Stress sollte minimiert werden und die Kopfhaltung des Pferdes kontrolliert werden. Kopftiefhaltung kann zu Ödemen im Hirn führen. Zufütterung von hochwertigen Aminosäuren und Flüssigkeitstherapie (Infusionen) kann versucht werden.

Hyperlipidämie

Id: Überschwemmung des Blutes mit Fetten. Kommt vor allem bei zu dicken Ponys nach Erkrankungen, nach Hungerzeiten, in der Hochträchtigkeit oder nach der Geburt vor. Lebensgefährliche Stoffwechselerkrankung, da der Teufelskreis schlecht zu unterbrechen ist. Die hohen Fettwerte im Blut signalisieren dem Pony, dass es kein Futter aufzunehmen braucht. Dadurch kommt es zu einem Mangel an Zucker und Energie, der zu weiterem Abbau von Fettdepots führt.

Sy: Inappetenz, Depression, manchmal Durchfall, zum Teil Unterbauchödeme. Eine Blutuntersuchung bestätigt die Verdachtsdiagnose.

Rk: Intensive Überwachung und Betreuung sind zwingend notwendig. Es erfolgt eine Infusionstherapie mit Zuckergaben und eine Substitution von Insulin und Heparin. Permanente Überwachung mit Kontolle der Blutwerte (Labor) ist erforderlich.

Neonatale Isoerythrolyse

Id: Erkrankung neugeborener Fohlen in den ersten achtundvierzig Lebensstunden. Unverträglichkeitsreaktion auf die Muttermilch.

Sy: Gelbfärbung der Schleimhäute, Schwäche und Herzrasen. Deutliche Veränderungen im Blutbild.

Rk: Das Fohlen darf einige Tage nicht bei der Mutter saugen. Das Aufsetzen eines Maulkorbs, Füttern mit Milchaustauscher, Infusionen und Plasmatransfusionen helfen, sein Leben zu bewahren.

Dieses Pferd macht nur Mittagspause. Starke Müdigkeit und längeres, häufiges Schlafen kann auf Lebererkrankungen hindeuten. (Foto: Fritschy)

Auch beim Urinieren sollte man Pferde gut beobachten, um eventuelle Harnwegserkrankungen rechtzeitig erkennen zu können. (Foto: Slawik)

Erkrankungen der Harnwege

Blasenlähmungen

Id: Infolge von Herpesinfektionen oder nach Ansammlung von erheblichen Mengen an Konkrementen kann es zu Entleerungsstörungen der Blase kommen.

Sy: Der Harnabsatz verändert sich auffällig. Zum Teil bildet sich eine Überlaufblase. Die rektale Untersuchung gibt Auskunft über den Füllungszustand der Blase und den Zustand der Blasenwand.

Rk: Die Spülung der Blase zeitigt meist keinen lang anhaltenden Erfolg. Phytotherapeutika können die Harnmenge steigern und so eventuell zu einer Spülung beitragen. Einzige ursächlich möglicherweise erfolgreiche Behandlung ist die Akupunktur.

Bei gelähmter Blase kommt es zum Überlaufen und damit zu stetigem unregulierbaren Harnabfluss. (Foto: Hoppe)

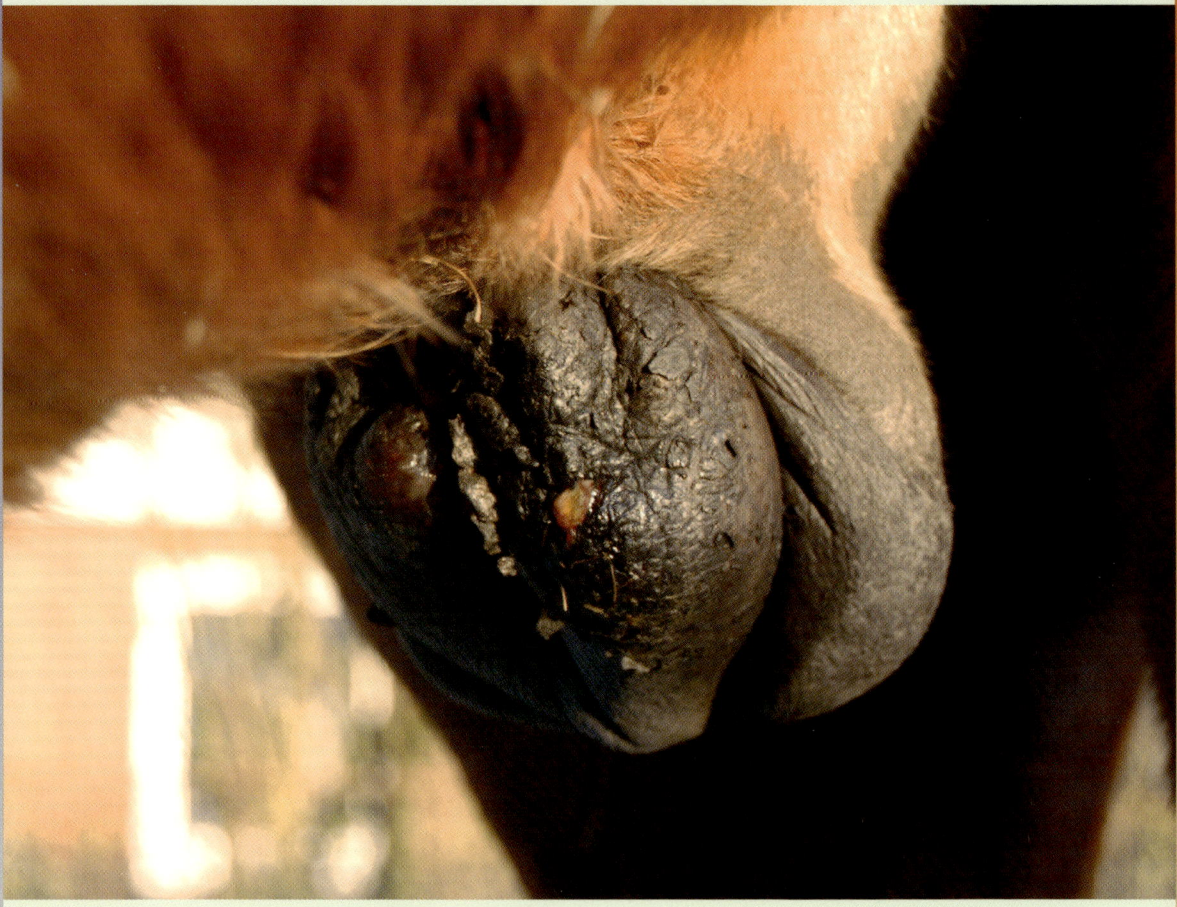

Schwillt – hier nach der Kastration – die Umgebung des Schlauches stark an, dann muss darauf geachtet werden, das der Schlauch nicht gequetscht wird und der Wallach pinkeln kann. (Foto: Hoppe)

Harnsteine

Id: Harnsteine beim Pferd treten sporadisch und meist im Rahmen eines chronischen Geschehens auf. Wallache erkranken häufiger als Hengste und Stuten.

Sy: Die Symptome sind unspezifisch und können je nach Sitz des Konkrementes zu heftigen Koliken führen. Die Diagnose wird durch eine Harnuntersuchung bestätigt.

Rk: Die medikamentöse Behandlung scheint nur kurzfristigen Erfolg zu bringen. Eine Endoskopie der Blase gibt Aufschluss über den Sitz des Steines oder der Steine und die Möglichkeit, diese zu entfernen.

Nierenerkrankungen

Id: Ein teilweises Nierenfunktionsversagen kann akut und chronisch vorkommen.

Sy: Bei akuten Nierenproblemen treten Koliken, Fieber, Apathie und Inappetenz auf. Im Harn sind sehr viele weiße Blutkörperchen, Bakterien und zum Teil auch Blut.

Bei chronischen Nierenschädigungen kommt es zu Abmagerung, Inappetenz, vermehrtem Durst und vermehrtem Harnvolumen, möglicherweise zu Ödemen und in einigen Fällen zu geschwürigen Veränderungen der Schleimhaut im Maul und im Magen. Die Blutuntersuchung bestätigt die Verdachtsdiagnose. Leider ist oft beim Feststellen der Nierenschädigung diese schon irreparabel weit fortgeschritten.

Rk: Akute Nierenprobleme müssen intensivmedizinisch versorgt werden. Die Behandlung beinhaltet Antibiose (nach Antibiogramm) und Infusionen. Chronische Nierenschädigungen erfordern korrekte Flüssigkeitstherapie, Steigerung des Energiegehalts des Futters (durch Steigerung des Fettanteils), restriktive Salzgabe und optimierte Haltung.

A: Die Prognose chronischer Nierenschäden ist auch unter intensiver Therapie schlecht.

Dieses Pferd ist in einem sehr schlechten Allgemeinzustand und viel zu mager. Eine chronische Nierenschädigung kann der Grund sein. Auf ein gut sitzendes Halfter ist bei kranken und gesunden Pferden gleichermaßen zu achten, hier können Verletzungen vermieden werden. (Foto: Slawik)

Die Augenuntersuchung erfolgt mit dem Ophtalmoskop. (Foto: Hoppe)

Erkrankungen der Augen

Bindehautentzündung (Konjunktivitis)

Id: Entzündung der Schleimhaut des Auges oder Bindehautentzündung. Ursachen sind Reizungen aufgrund von Zug, Fremdkörpern, Bakterien, Pilzen oder Parasiten. Eine Bindehautentzündung kann auch als Begleitung anderer Augenerkrankungen oder Allgemeininfektionen vorkommen.

Sy: Tränenfluss ist das vorherrschende Symptom. Der Augenausfluss kann klar, weiß oder gelblich sein. Gelblich deutet meist auf bakterielle Beteiligung hin. Das Auge wird häufig ein wenig geschlossen gehalten und aufgrund des Schmerzes kann die Pupille verengt sein. Zum Teil entsteht Juckreiz, der dazu führt, dass die Pferde sich scheuern wollen. Manchmal schwellen die Augenlider an. Bei starker Schmerzhaftigkeit und orangefarbenem Ausfluss kann eine Pilzinfektion die Ursache sein.

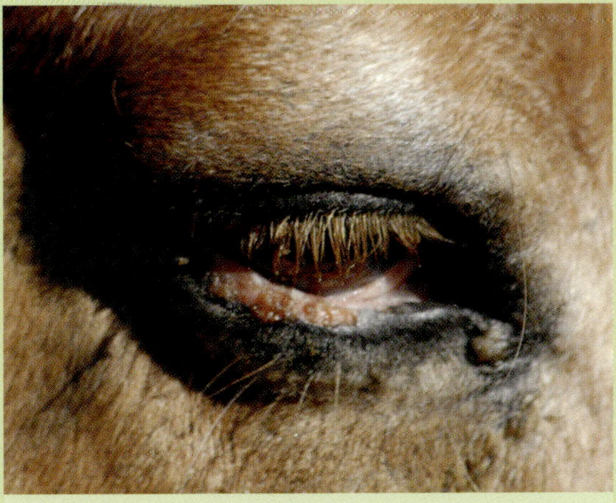

Massive und wiederkehrende Bindehautentzündung. (Foto: Hoppe)

Rk: Eine Bindehautentzündung sollte von Tierärzten oder erfahrenen Therapeuten behandelt werden. Die Selbstmedikation mit angebrochenen Augenmedikamenten verschlechtert die Erfolgsaussichten erheblich. Betroffene Pferde fühlen sich in dunkler und zugfreier Umgebung wohler. Die Ursache muss abgestellt und die passende Augensalbe gefunden werden. Augensalben mit Kortikoiden dürfen nur bei unverletzter Hornhaut angewandt werden (vorher mit der Fluoreszinprobe anfärben). Antibiotische Augensalben helfen bei bakteriellen Infektionen. Bei Pilzinfektionen verschlechtert sich das Krankheitsbild möglicherweise unter antibiotischen Salben. Starke Bindehautentzündungen können auch die systemische Behandlung erforderlich machen.

P: Pferde mit Lidrandverletzungen oder Tumoren am Auge neigen durch den nicht optimalen Lidschluss häufiger zu Bindehautentzündungen.

Verlegung des Tränennasenkanals

Id: Es gibt einen Abflusskanal für überschüssige Tränenflüssigkeit, der unsichtbar vom Augenwinkel in die Nüster verläuft. Der Punkt, an dem dieser Kanal endet, ist in der Nüster sichtbar und bei funktionierendem Abfluss leicht feucht. Verlegungen des Kanals führen zu vermehrtem Tränenfluss auf der betreffenden Seite.

Rk: Der Kanal kann von der Nüster aus mit einem weichen kleinen Schläuchlein und etwas physiologischer Kochsalzlösung in den meisten Fällen freigespült werden. Erfolg ist, wenn die Flüssigkeit im Augenwinkel ankommt. Eventuell muss der Vorgang nach einigen Tagen wiederholt werden. Fast alle Pferde lassen sich das unbetäubt gut gefallen, es kitzelt ja auch nur ein bisschen in der Nase.

Mondblindheit (Uveitis)

Id: Uveitis bezeichnet die Mondblindheit oder periodische Augenentzündung des Pferdes. Sie ist die wiederholt auftretende Entzündung des inneren Auges. Akute Schübe sind sehr schmerzhaft. Wiederholte Anfälle können zur Erblindung des Auges führen.

Sy: Tränenfluss, Zusammenkneifen des Auges, geschwollenes oberes Augenlid und Schmerzhaftigkeit kommen fast immer zusammen. In seltenen Fällen können auch Schübe ohne deutliche Symptome vorkommen. Zwischen den einzelnen Schüben können

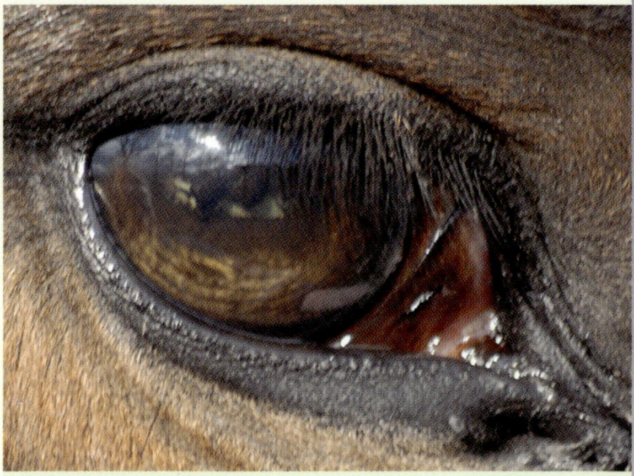

Dieses Auge ist blind, das erkennt man an der Farbe hinter der Pupille. Die dunklen Wolken oben vor der Pupille sind Traubenkörner, die gehören dahin und sind in unterschiedlichen Größen auch in jedem gesunden Auge zu finden. (Foto: Hoppe)

Wenn nur ein Auge erblindet ist, kann das Pferd lernen, damit zu leben. Es ist noch bedingt zum Reiten und Fahren einsetzbar. (Foto: Tierfotoagentur.de)

die betroffenen Augen ganz normal aussehen. Vermutlich entwickelt sich so eine periodische Augenentzündung unbemerkt aus einer subklinischen Infektion mit Leptospiren. In fast der Hälfte der Fälle sind irgendwann beide Augen betroffen. Schübe können sich von Mal zu Mal verschlechtern. Die Häufigkeit des Auftretens von Schüben bei betroffenen Pferden ist sehr unterschiedlich. Durch Veränderungen des inneren Augendrucks kann es zur Verkleinerung des Auges oder zu kurzfristiger bläulicher Verfärbung der Hornhaut kommen.

Rk: Betroffene Pferde sind lichtempfindlich. Der akute Schub wird mit schmerzstillenden und entzündungshemmenden Medikamenten behandelt. Um Verklebungen der Linse zu vermeiden, kann die Pupille durch einmalige Applikation von Atropin-Augentropfen weit gestellt werden. Eine Untersuchung des Auges mit einer speziellen Lampe und mit dem Ultraschall hilft eine Aussage über den Grad der Schädigung zu erhalten.

Eine Operation des Glaskörpers kann, wenn sie vor einer starken Schädigung des Auges vorgenommen wird, nicht nur neue Schübe verhindern, sondern auch Sehkraft erhalten. Ein erblindetes Auge, das in regelmäßigen Schüben starke Schmerzen verursacht, nützt dem Pferd nichts und kann herausgenommen werden. Wir müssen uns an den einäugigen Anblick gewöhnen, aber dem betroffenen Pferd geht es in aller Regel sehr viel besser.

Hornhautverletzungen

Id: Verletzungen am Auge sind immer Notfälle. Bei Hornhautverletzungen ist das Auge sehr schmerzhaft und wird zugekniffen. Oft entsteht eine sekundäre Bindehautentzündung. Perforierende Hornhautentzündungen lassen Augenflüssigkeit auslaufen und gehören zügig in eine Klinik. Meist ist der Verlust des betreffenden Auges unvermeidlich.

Rk: Die Untersuchung des Auges schließt bei dem Verdacht auf eine Hornhautverletzung das Anfärben der Hornhautoberfläche mit Fluoreszin ein. Defekte sind anfärbbar. Die Behandlung erfolgt vor allem lokal, systemische Schmerzmittel sind zum Teil kontraindiziert. Viel Fleiß und ein kooperatives Pferd ermöglichen die häufige Applikation von Salben. Gelingt das nicht, kann zum Schutz der Hornhaut temporär eine Bindehautschürze chirurgisch angelegt werden.

Durch Einbringen von Fluoreszin kann man Hornhautschäden anfärben. (Foto: Hoppe)

Für so kraftvolle Bewegungen braucht das Pferd eine gesunde Muskulatur.
(Foto: Tierfotoagentur.de)

Erkrankungen der Muskulatur

Kreuzverschlag (Lumbago)

Id: Die Erkrankung ist korrekt eine Myoglobinurie (Bezeichnung für Muskelfarbstoff im Harn) und wird auch Feiertagskrankheit genannt. Es handelt sich um eine Rückenmuskelentzündung bei relativer Überforderung, die oft im Zusammenhang mit zu guter Fütterung bei zu wenig Arbeit auftritt.

Sy: Plötzlich während der Bewegung auftretende erhebliche Störungen des Allgemeinbefindens. Straucheln, Taumeln, Bewegungsunwille, Schwitzen, kolikartiger Schmerz, Verhärtung der Rücken- und Kruppenmuskulatur, Verfärbung des Harns bereits beim ersten Harnabsatz.

Rk: Nicht mehr bewegen! Eventuell mit dem Hänger nach Hause fahren, Rücken warm halten und Tierarzt rufen. Schmerzmittel bringen akut deutliche Besserung, eine Blutuntersuchung gibt Aufschluss über das Ausmaß des Schadens. Ein Aderlass ist bei dieser Erkrankung immer noch unbedingt indiziert.

Tying up

Id: Eine Erkrankung ähnlich dem Kreuzverschlag, die vor allem bei hoch im Blut stehenden, regelmäßig gearbeiteten Pferden chronisch entsteht.

Sy: Bewegungsstörungen von Rücken und Hinterhand. Veränderungen im Blutbild sind möglich. Eventuell muss bei wiederholtem Auftreten der Symptome eine Muskelbiopsie vorgenommen werden.

Rk: Arbeitspensum solide planen und für eine passende Versorgung mit Vitamin E und Selen sorgen.

Muskelrisse

Id: Es reißen einzelne Fasern oder ein ganzer Muskel. Meist entsteht ein erheblicher Bluterguss.

Sy: Zerreißungen von mehreren Fasern in einem Muskel führen zu erheblichem Schmerz, örtlichem Schwitzen und manchmal zu einer spätestens am nächsten Tag fühlbaren Mulde quer zur Richtung des Faserverlaufs. Muskelrisse verursachen meist starke Lahmheiten.

Rk: Ruhe und entzündungshemmende Medikamente. In den ersten 24 Stunden kann die betroffene Region Erleichterung durch Kühlung erfahren. Fließendes Wasser, Heilerde und Quarkpackungen helfen. Im Verlauf der Heilung sind wärmende Umschläge besser, da sie die Durchblutung fördern. Selten müssen komplette Muskelrisse operiert werden.

A: An der verletzten Stelle bilden sich oft Narben, die weniger elastisch sind als die übrige Muskulatur.

Wenn der Musculus fibularis tertius zerreißt, was zum Beispiel bei einem Sturz geschehen kann, sind Knie und Sprunggelenk unabhängig voneinander zu bewegen. (Foto: Dr. Ende)

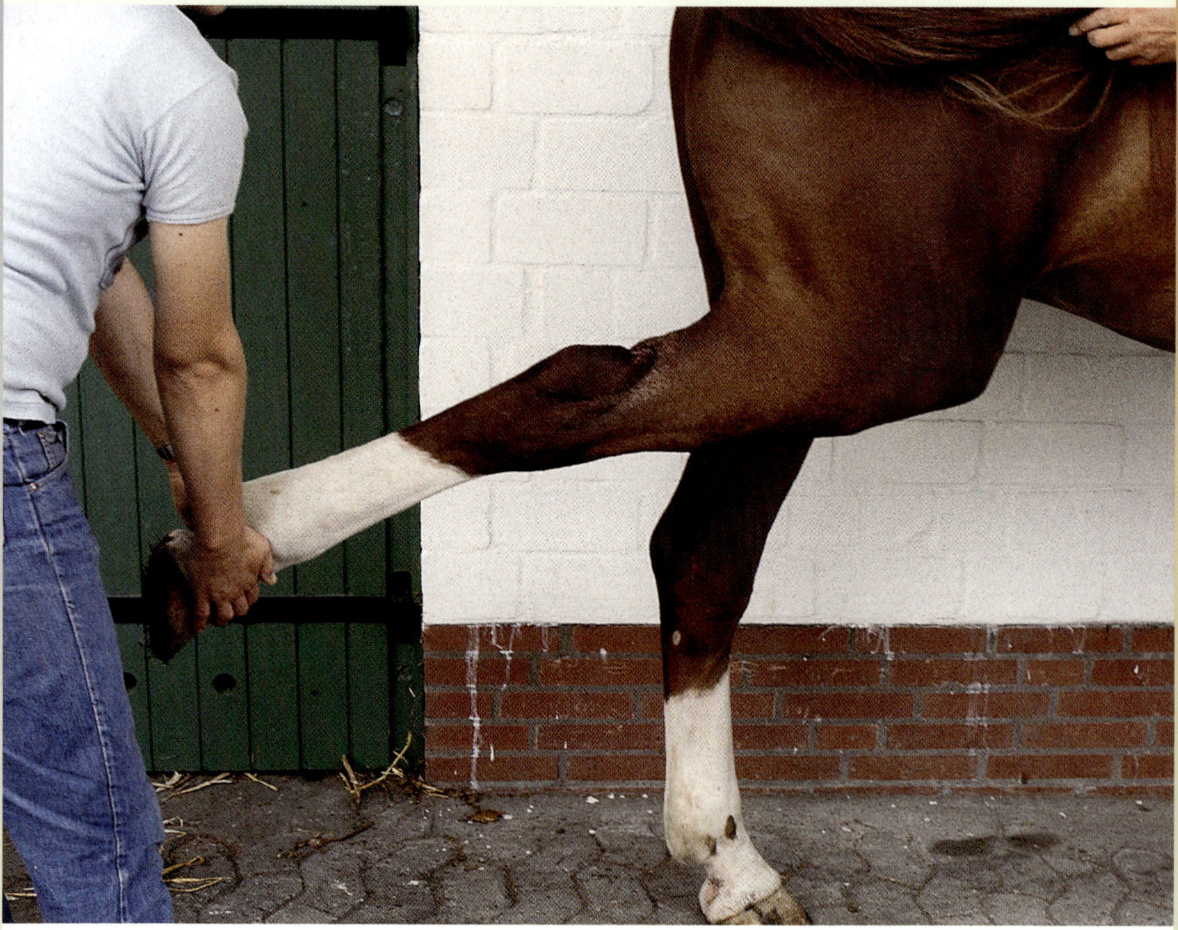

(Foto: Hoppe)

(Foto: Hoppe)

Weitere wichtige Informationen

Wen man bei Pferdekrankheiten hinzuzieht, wie man sich versichert und was geschieht, wenn keine Behandlung mehr möglich ist, sind Gedanken, die man sich möglichst vor Eintreten eines Notfalls machen sollte.

Fachleute für Pferde

Tierarzt wird durch Approbation, wer das umfangreiche Studium der Veterinärmedizin erfolgreich abgeschlossen hat. Das birgt einen gewissen Qualitätsstandard. Der Erwerb von anerkannten Zusatzbezeichnungen und Fachtierarztanerkennungen ist auch an überprüfte Ausbildung gebunden. Tierärzte berechnen erbrachte Leistungen nach der GOT, der Gebührenordnung für Tierärzte. Behandlungen und Berechnungen derselben sollen nachvollziehbar sein. Wichtige Aspekte bei der Tierarztwahl sind neben der Kompetenz auch einige persönliche Vorgaben.

Fragen Sie sich, was Sie von Ihrem Tierarzt erwarten, und sprechen Sie das auch konkret an. Wählen Sie jemanden, der Ihr Pferd mag und der von Ihrem Pferd gemocht wird und zu dem Sie selbst Vertrauen haben können. Kommunikation ist wichtig und nützt dem Pferd. Verschiedene Tierärzte an einem Pferd (Zuziehen von Spezialisten, Klinikaufenthalte) sollen zum Wohl des Patienten zusammenarbeiten und nicht gegeneinander. Kommunikation ist auch mit anderen Therapeuten und Schmieden notwendig, damit für das Pferd nicht nur von allen an einem Strang gezogen wird, sondern auch in der gleichen Richtung.

Tierheilpraktiker, Physiotherapeuten, Dentalpraktiker, Osteopathen und Homöopathen gibt es für Pferde mit und ohne veterinärmedizinisches Studium, Chiropraktiker nur mit veterinärmedizinischem Studium. Die Kompetenz hängt von der einzelnen Person, ihrer Ausbildung und Erfahrung ab. Im Prinzip betreibt hier jeder seine eigene Qualitätssicherung. Es gibt einige Spezialisten, die in ihrem Gebiet Tierärzten überlegen sind und eine echte Alternative bieten. Leider gibt es auch viele souverän auftretende Möchtegernbehandler, die ohne fundierte Ausbildung (und ohne entsprechende Versicherungen) Behandlungen und Verrichtungen am Pferd kostenpflichtig anbieten. Die Spreu vom Weizen zu trennen ist nicht einfach. Verlassen Sie sich auf Ihren Menschenverstand und Ihre Beobachtungsgabe. Fragen Sie nach der Ausbildung und der Erfahrung von Menschen, denen Sie die Gesundheit Ihres Pferdes anvertrauen. Seien Sie bei der Behandlung anwesend und lassen Sie nichts tun, dessen Sinn Sie nicht sehen und bei dem Sie ein schlechtes Bauchgefühl haben.

Versicherungen

Es gibt diverse Möglichkeiten, sich und sein Pferd zu versichern. Eine Haftpflichtversicherung sollte jedes Pferd haben. Auch im Zusammenhang mit Krankheiten kann man sein Pferd gut versichern. Es gibt Krankenversicherungen für Pferde, OP-Kostenversicherungen, Kastrationsversicherungen und Leibesfruchtversicherungen. Versicherungen können als Pferdelebensversicherungen oder Unbrauchbarkeitsversicherungen abgeschlossen werden.

Pferde, die einen hohen materiellen Wert haben, werden in aller Regel mindestens lebensversichert.

Wenn das Pferd bei einer Beißerei ein anderes Pferd verletzt, greift in vielen Fällen die Haftpflichtversicherung. Tierarztkosten für das eigene Pferd können mit einer Krankenversicherung abgedeckt werden. (Foto: Tierfotoagentur.de)

Ganz normale Pferde werden sinnvollerweise gegen Operationskosten versichert, gerade wenn man als Pferdehalter nicht reich ist. Diese Versicherungen sind nicht teuer und helfen einem im Notfall, Entscheidungen für das Pferd treffen zu können und nicht wegen materieller Zwänge dagegen.

Informieren Sie sich genau über die verschiedenen Versicherungen und den Umfang der Leistungen bei verschiedenen Anbietern. Wählen Sie unbedingt einen Versicherer, der sich auf Pferdeversicherungen spezialisiert hat und pferdekundige Sachbearbeiter beschäftigt. Suchen Sie das persönliche Gespräch, um für sich und Ihr Pferd die optimale Absicherung zu erhalten.

Haben Sie sich für eine Versicherung entschieden, lesen Sie die Versicherungsbedingungen sorgfältig und lassen die Kontaktdaten des Versicherers griffbereit beim Pferd. Wenn ein Schaden reguliert werden muss, hilft eine gute Dokumentation Ihnen und Ihrem Versicherer.

Wenn Sie mit Ihrer Versicherung zufrieden sind, erzählen Sie es weiter.

Tod und Nottötung

Irgendwann gibt es immer ein Unmöglich. Manchmal sterben Pferde von allein, das ist aber selten und nicht planbar.

Häufig werden Pferde aufgrund unheilbarer Erkrankung getötet. Bei schweren Unfällen und echten Notfällen kann eine Nottötung erforderlich sein.

Wenn Sie für Ihr Pferd wählen können, sollten Sie sich vorher in Ruhe überlegt haben, wie die ideale Verabschiedung aussehen kann. Die Vorausverfügung im Equidenpass entscheidet nicht über die Tötungsart, sondern lediglich darüber, ob das tote Pferd für den menschlichen Verzehr infrage kommt.

Pferde sterben durch Bolzenschuss betäubt und ausgeblutet ebenso schnell wie eingeschläfert. Wenn vom Tötenden das angewandte Verfahren beherrscht wird, passiert das Sterben zügig, ohne Angst, Stress, Aufregung und Schmerz. Die modernen, zum Einschläfern verwendeten Medikamente erzeugen tiefe Bewusstlosigkeit vor dem Tod. Das bedingt, dass der Bewusstseinsverlust vor dem Niedergehen des Pferdes eintritt, es also nicht mehr weiß, wie es fällt. Die Sicherheit der anwesenden Personen muss unbedingt beachtet werden. Nach dem Niederlegen ist das Pferd nicht immer sofort tot. Ein tiefer letzter Atemzug ist nur ein Reflex, der uns erschreckt, vom Pferd aber bereits nicht mehr wahrgenommen wird. Lassen Sie sich vorher erklären, was passieren wird.

Vermeiden Sie für das Ihnen anvertraute Pferd ungewohnte Transporte, lange Leidenszeiten und Ängste in seinen letzten Momenten. Begleiten Sie Ihr Pferd auf seinem letzten Gang, wenn Sie das können, oder bitten Sie eine Person, in deren Nähe Ihr Pferd sich sicher fühlt, dies zu tun. Versuchen Sie Ihr Pferd nicht durch eigene Emotionen zu beeinflussen. Die Entscheidung wurde getroffen, weil das der bessere Weg ist.

Befreien Sie sich von dem Gedanken, Sie würden den Todeszeitpunkt bestimmen. Ohne Ihre Überlebenshilfe wäre das Pferd zu dem Zeitpunkt, zu dem wir an Erlösung denken, in der Natur vermutlich längst verendet oder gefressen worden.

Seien Sie das Vertrauen wert, das Ihr Pferd in Sie setzt. Überlassen Sie es an seinem Ende keinem ungewissen Schicksal, auch nicht, wenn das einfacher, bequemer oder lukrativer ist. Bitte.

(Foto: Tierfotoagentur.de)

Glossar

Akarizid: Medikamente gegen achtbeinige Plagegeister wie Milben und Zecken.

Antibiotikum: Medikament gegen bakterielle Infektionserreger. Kann Bakterien tötend (bakterizid) oder Bakterien behindernd (bakteristatisch) sein. Soll, wenn es angewandt wird, immer nach Indikation, in ausreichend hoher Dosierung und ausreichend lange verabreicht werden. Ideal ist die Anwendung nach einem Antibiogramm, das im Labor testet, ob der Keim, den man behandeln will, empfindlich für das verwendete Medikament ist.

Antiparasitika: Medikamente gegen Parasiten.

Biopsie: Entnahme einer Gewebeprobe durch Herausziehen (Aspiration), Herausstanzen oder Herausschneiden. Das Herausstanzen von Hautproben zur Diagnostik von Hauterkrankungen oder Borreliose erfolgt nach Betäubung mit dafür vorgesehenen Stanzen, die einen rund sechs Millimeter großen Zylinder aller Hautschichten herausnimmt. Die Wunden heilen ohne Naht gut ab.

Exsudat: Durch eine Entzündung bedingter Austritt von Flüssigkeit und Zellen.

Fissur: Haarriss in einem Knochen.

Fraktur: Knochenbruch.

Indikation: Zwingender Grund zur Anwendung einer Therapie oder Operation.

Infektion: Ansteckung. Beschreibt das Eindringen und Vermehren von Krankheitserregern im Körper.

Inkubationszeit: Zeit zwischen der Inkubation und dem Auftreten von Symptomen beziehungsweise dem Ausbruch der Infektionskrankheit.

Letalität: Zahl der Todesfälle im Verhältnis zur Zahl der Erkrankungsfälle.

Metastasen: Verschleppung von (Tumor-)Zellen an einen anderen Ort im Körper.

Morbidität: Verhältnis der Erkrankungshäufigkeit zur Gesamtzahl.

Mortalität: Sterblichkeit. Zahl der Todesfälle im Verhältnis zur Gesamtzahl.

Ödem: Schmerzlose (eventuell spannt es bei der Bewegung ein bisschen) Flüssigkeitsansammlung im Gewebe. Beim Pferd vor allem in den Beinen oder unter dem Bauch. Kann entzündlich sein oder eine Stauung oder die Folge einer anderen Erkrankung (Herz, Niere, Leber, Parasitenbefall, Auszehrung). Sieht gern dramatisch aus. Drückt man Daumen oder Finger in die Schwellung, dann bleibt der Abdruck nach Wegnahme des Daumens!

Pathogen: Krankheitserregend.

Phlegmone: Umgangssprachlich Einschuss, flächenhaft fortschreitende Entzündung (beim Pferd meist Entzündung der Unterhaut an den Beinen).

Pigment: Farbstoff im Körper.

Prophylaxe: Vorbeugung.

Rezidiv: Rückfall. Rezidivierend bedeutet zeitweise wiederkehrend.

Sedationspunkte: Akupunkturpunkte, deren Behandlung zu Beruhigung führt. Befinden sich zum Beispiel in der Oberlippe und auf der Stirn.

Sekret: Ausscheidung oder Absonderung, die einen Sinn hat, zum Beispiel Magensaft, Gallenflüssigkeit, Schleim.

Sektion oder Obduktion: Kunstgerechte Öffnung eines toten Körpers zur Abklärung der Todesursache. Kann zur Beurteilung eines Krankheitsgeschehens sinnvoll oder zur Absicherung in forensischen Fällen oder bei Versicherungsschäden notwendig sein.

Sekundärinfektion: Nachfolgende, begleitende oder abhängige Infektion. Der Erreger der Sekundärinfektion nutzt den durch die Primärinfektion vorbereiteten Weg. Zum Beispiel kann ein Bakterium sich leichter auf einer durch Virusinfektion geschädigten Schleimhaut anheften.

Sklerosierung: Verhärtung eines Organs, zum Beispiel durch die Einlagerung von Knochengewebe.

Spasmen: Krämpfe.

Symptome: Krankheitsanzeichen.

Synovia: Gelenkschmiere. Sehr eiweißhaltige Flüssigkeit, die sich innerhalb der Gelenkkapsel zwischen den Knorpelflächen befindet. In entzündeten Gelenken verändert sie sich in Menge, Viskosität (Klebrigkeit, innere Reibung, Fließfähigkeit) und Zusammensetzung. Die Flüssigkeit in den Sehnenscheiden ist sehr ähnlich. Tritt so eine Flüssigkeit bei Verletzungen aus, sieht das gelbschaumig aus oder die austretende Flüssigkeit ist fadenziehend.

Stichwortverzeichnis

CADMOS PFERDEBÜCHER

Anke Rüsbüldt
80 Seiten, broschiert
ISBN 978-3-86127-556-5

Aus dem Inhalt:

- Was ist das Sommerekzem?
- Diagnostische Tests
- Symptome und resultierende Veränderungen
- Züchterische Maßnahmen
- Was tun mit Importpferden?
- Haltung und Fütterung des Sommerekzemers
- Behandlungsmöglichkeiten

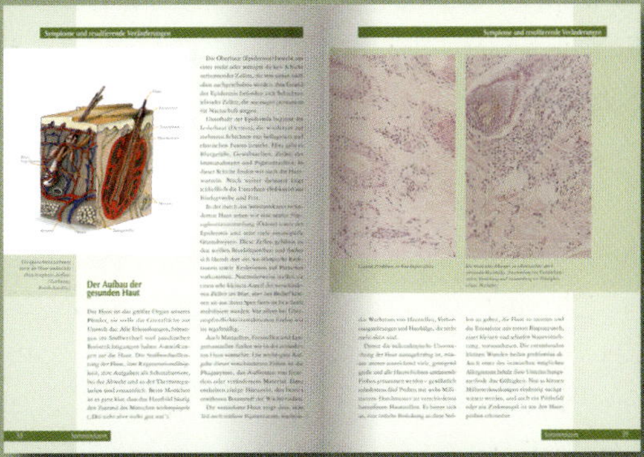

ie Diagnose Sommerekzem stellt den Pferdebesitzer vor roße Probleme. So schwierig die Behandlung oft ist, so chwierig ist es auch, fundierte Informationen über diee Erkrankung zu finden. Dieses Buch schafft Abhilfe – it der verständlichen Aufbereitung des gesamten aktulen Wissens zum Sommerekzem in fünfter Auflage. Ausihrlich zeigt die Autorin die Behandlungsmöglichkeiten uf, mit denen betroffenen Pferden effektiv geholfen weren kann.

Cadmos Verlag GmbH · Im Dorfe 11 · 22946 Brunsbek
Tel. 04107 8517-0 · Fax 04107 8517-12
Besuchen Sie uns im Internet: **www.cadmos.de**

CADMOS

CADMOS PFERDEBÜCHER

Claudia Jung

Wenn Pferde älter werden

„Man ist so jung, wie man sich fühlt." Dieser Spruch gilt nicht nur für Menschen, sondern ebenso auch für Pferde. Damit auch ältere Pferde so lange wie möglich fit und gesund bleiben, gibt dieses Buch eine Fülle wertvoller Ratschläge – von der bedarfsgerechten Fütterung über Wohlfühlmassagen bis hin zur altersgerechten Bewegung an der Hand und unter dem Sattel.

128 Seiten · farbig · gebunden
ISBN 978-386127-452-0

Dr.Birgit Janssen

Arthrose bei Pferden

Die Arthrose gehört zu den häufigsten Lahmheitsursachen bei Pferden. Und sie ist besonders gefürchtet – denn die Behandlung ist langwierig und eine komplette Heilung nicht möglich. Dieses Buch zeigt, dass betroffene Pferde trotzdem nicht unreitbar sein müssen. Der Besitzer erfährt, wie er zusammen mit dem Tierarzt den Verlauf der Krankheit wenn nicht stoppen, dann zumindest aber verlangsamen kann.

80 Seiten · farbig · broschiert
ISBN 978-386127-566-4

Anke Rüsbüldt

Hautkrankheiten

Erkrankungen der Haut sind oft nicht nur schwer zu therapieren, sondern können sogar lebensgefährlich werden. Das Buch stellt die Aufgaben des größten Organs des Pferdes ausführlich dar und widmet sich den häufigsten Hautkrankheiten: vom Pilzbefall über Sarkoide bis hin zu Ekzemen und Wunden. Ein durch und durch praktisches und wichtiges Werk, das Ursachen und Symptome beschreibt, Tipps zur Behandlung gibt und Vorbeugemaßnahmen darstellt.

80 Seiten · farbig · broschiert
ISBN 978-386127-558-9

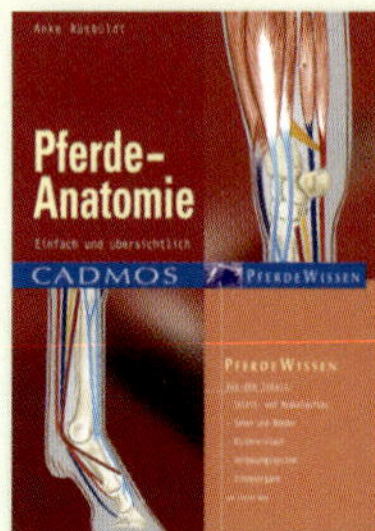

Anke Rüsbüldt

Pferdeanatomie

Über anatomische Grundkenntnisse sollte jeder Pferdehalter verfügen, damit er sein Tier fachgerecht versorgen und ausbilden kann. Dieses kompakte Buch vermittelt dazu in übersichtlicher Form die wichtigsten Fakten. Die grundlegenden Strukturen des Skeletts, der Muskulatur und aller inneren Organe werden verständlich beschrieben und mit anschaulichen Zeichnungen erklärt.

32 Seiten · farbig · broschiert
ISBN 978-386127-284-7

Cadmos Verlag GmbH · Im Dorfe 11 · 22946 Brunsbek
Tel. 04107 8517-0 · Fax 04107 8517-12
Besuchen Sie uns im Internet: **www.cadmos.de**

CADMOS